スタンダード
工学系の
微分方程式

広川 二郎・安岡 康一／著

講談社

はじめに

　本書は，工学系学科で学ぶ「微分方程式」の教科書です．全部で 15 章からなり，各章の最初には，「要点」，「準備」を，最後には「展開」を設けています．「準備」には，予習として確認しておくべき項目をあげています．「要点」は，各章の重要な事項で，授業の前にこれに目を通して，内容を大まかに把握しておくとともに，授業の後にも，内容の再確認ができます．授業の後に「展開」にある問題を解くことにより内容の理解を深めることができます．

　全体は 3 部構成になっていて，本書の最初に各部に含まれる章ごとの流れを記載しています．各章の関係を理解してください．また，各部の最後には，各章で理解するべき項目をまとめています．

　本書では，微分方程式を具体的に解くことに重きをおきました．しかし，単に公式を使った結果の求め方を覚えるのではなく，解き方を理解してほしいためにその導出を詳しく説明しました．また，同じ微分方程式を本書のいろいろなところであげています．異なる方法で解くことで，似ている点，違う点を理解していただきたいと思います．「展開」には問題を各章約 10 問のせています．導出の難しい問題にはヒントを加えましたが，巻末には略解のみを収録しました．難解なため詳細な説明を省略した場合と数学的に厳密性を欠いた表現があることについてはご容赦のほどお願いいたします．

　本書では，いろいろな種類の微分方程式を扱います．微分方程式の種類を表す際に，冗長性を極力減らすため，「定係数 2 階線形斉次方程式」のように微分という言葉を省略しています．また，微分記号に関し，x で微分するのが自明な場合には y' を用い，変数分離形，演算子，微分する変数を区別する場合には $\dfrac{\mathrm{d}y}{\mathrm{d}x}$ を用いています．また，変数，関数については小文字斜体 x，定数については大文字斜体 X，行列については太大文字斜体 $\boldsymbol{X}$，ベクトルについては太小文字斜体 $\boldsymbol{x}$，演算子については上矢印付大文字斜体 $\vec{X}$ で区別しています．

著者を代表して　広川二郎

スタンダード工学系の微分方程式　目次

はじめに... ii

第I部　1階微分方程式 1

1　微分方程式の基礎事項 2
1.1　微分方程式とは 2
1.2　階数 3
1.3　一般解と特殊解 4
1.4　初期条件と境界条件 4
1.5　積分法の復習 5
1.6　関数のべき級数展開の復習 6

2　変数分離形 8
2.1　変数分離形とは 8
2.2　変数分離形の解き方 8
2.3　$\dfrac{\mathrm{d}y}{\mathrm{d}x} = f(Ax + By + C)$ の形の解き方 11

3　同次形 14
3.1　同次形とは 14
3.2　同次形の解き方 14
3.3　$\dfrac{\mathrm{d}y}{\mathrm{d}x} = f\left(\dfrac{Ax + By + C}{Dx + Ey + F}\right)$ の形の解き方 16

4　1階線形斉次方程式 20
4.1　1階線形斉次方程式とは 20
4.2　1階線形斉次方程式の解き方 21
4.3　階数の引き下げによる解き方 23

5　1階線形非斉次方程式 26
5.1　1階線形非斉次方程式とは 26

  5.2 定数変化法による解き方 27

第II部　線形微分方程式 33

6　2階線形方程式の解の構造 34
  6.1 2階線形方程式とは 34
  6.2 解の線形性 35
  6.3 関数の1次独立と1次従属 35
  6.4 非斉次方程式の一般解 37
  6.5 解の重ね合わせの定理 38

7　定係数2階線形斉次方程式 40
  7.1 定係数2階線形斉次方程式とは 40
  7.2 特性方程式が異なる2つの解をもつ場合 41
  7.3 特性方程式が2重解をもつ場合 43

8　変数係数2階線形斉次方程式 45
  8.1 2階線形斉次方程式を解く手順 45
  8.2 基本解の関数形が $y = x^m$ となる例 46
  8.3 基本解の関数形が $y = \exp(mx)$ となる例 47
  8.4 1つの基本解から2階線形斉次方程式を解く方法 47

9　2階線形非斉次方程式 52
  9.1 2階線形非斉次方程式とは 52
  9.2 定数変化法による解き方 52

10　未定係数法 58
  10.1 未定係数法とは 58
  10.2 定係数1階線形非斉次方程式 58
  10.3 定係数2階線形非斉次方程式 61

11 演算子法 ... 64
11.1 演算子 ... 64
11.2 定係数1階線形方程式への適用 ... 65
11.3 定係数2階線形方程式への適用 ... 66
11.4 非斉次項の関数形が指数関数の場合の特殊解 ... 68

第III部 微分方程式の応用 ... 71

12 級数展開法 ... 72
12.1 級数展開法とは ... 72
12.2 正則点での級数展開法 ... 74
12.3 確定特異点での級数展開法 ... 76

13 連立定係数1階線形方程式 ... 78
13.1 連立定係数1階線形方程式 ... 78
13.2 未知関数の1つを消去する方法 ... 79
13.3 行列を使用した方法 ... 80

14 完全微分形 ... 84
14.1 完全微分形とは ... 84
14.2 完全微分形の条件と一般解 ... 85
14.3 積分因数 ... 87

15 偏微分方程式 ... 90
15.1 偏微分方程式の分類 ... 90
15.2 変数分離法 ... 91
15.3 行列を用いて解く方法 ... 93

問題略解 ... 97
索引 ... 102

本書の流れ

第Ⅰ部　1階微分方程式

微分方程式の基礎事項（1章）

一般解… n 個の任意定数を含む n 階微分方程式の解

特殊解…一般解の n 個の任意定数に具体的な値を代入した解

変数分離形（2章）

$$\frac{dy}{dx}=f(x)g(y) \xrightarrow{\text{変数分離}} \frac{1}{g(y)}\frac{dy}{dx}=f(x) \xrightarrow{\text{積分}} \int \frac{1}{g(y)}dy=\int f(x)dx+C$$

同次形（3章）

$$\frac{dy}{dx}=f\left(\frac{y}{x}\right) \xrightarrow{\text{代入}(y=xu),\left(\frac{dy}{dx}=u+x\frac{du}{dx}\right)} \frac{du}{dx}=\frac{f(u)-u}{x} \quad (\text{変数分離形})$$

1階線形斉次方程式（4章）

$$y'+p(x)y=0 \xrightarrow{\text{変数分離}} \text{一般解}\ y_h=C\exp\left\{-\int p(x)dx\right\}$$

1階線形非斉次方程式（5章）

$$y'+p(x)y=q(x)$$

$\downarrow$ 定数変化法 $(y=cy_h)$

$$\text{一般解}\ y=\underbrace{\exp\left\{-\int p(x)dx\right\}\int\left[q(x)\exp\left\{\int p(x)dx\right\}\right]dx}_{\text{非斉次特殊解}}+\underbrace{C\exp\left\{-\int p(x)dx\right\}}_{\text{斉次一般解}}$$

第Ⅱ部　線形微分方程式

2階線形方程式の解の構造（6章）　$y''+p(x)y'+q(x)y=r(x)$

一般解　$y=C_1y_1+C_2y_2$

2つの基本解 y_1, y_2　1次独立　⟷　$w=y_1y_2'-y_2y_1'=0$

定係数2階線形斉次方程式（7章）　$y''+Py'+Qy=0$

特性方程式　$\lambda^2+P\lambda+Q=0$　　　　一般解

異なる2つの解　A_1　A_2　　⟶　$y=C_1\exp(A_1x)+C_2\exp(A_2x)$

2重解　A　　　　　　　　　⟶　$y=(C_1x+C_2)\exp(Ax)$

変数係数2階線形斉次方程式（8章）　$y''+p(x)y'+q(x)y=0$

$m(m-1)+mxp(x)+xp(x)=0$ を満足　⟶　基本解　$y_1=x^m$

$m^2+mp(x)+q(x)=0$ を満足　　　⟶　基本解　$y_1=\exp(mx)$

　　　　　　　　　　　　　　　　　　↓ 定数変化法 $(y_2=cy_1)$

もう1つの基本解　$y_2=y_1\int\dfrac{1}{y_1^2}\exp\left\{-\int p(x)\mathrm{d}x\right\}\mathrm{d}x$

2階線形非斉次方程式（9章）　$y''+p(x)y'+q(x)y=r(x)$

　　　　　　　　　　　　　　↓ 定数変化法 $(y=c_1y_1+c_2y_2)$

一般解　$y=\underbrace{-y_1\int\dfrac{r(x)y_2}{w}\mathrm{d}x+y_2\int\dfrac{r(x)y_1}{w}\mathrm{d}x}_{\text{非斉次特殊解}}+\underbrace{C_1y_1+C_2y_2}_{\text{斉次一般解}}$

未定係数法（10章）　定係数線形非斉次方程式

非斉次項	特殊解	
n次の多項式	n次の多項式	（次数が高くなる場合あり）
$\exp(B_x)$	$D\exp(B_x)$	（定数Dが多項式になる場合あり）

演算子法（11章）　定係数線形非斉次方程式

1階　$y'-Py=q(x)$　　一般解　$y=\dfrac{1}{\overrightarrow{D-P}}q(x)=\exp(Px)\int\exp(-Px)q(x)\mathrm{d}x$

2階　$y''+Py'+Qy=r(x)$　　一般解　$y=\dfrac{1}{\overleftarrow{D-A_2}}\dfrac{1}{\overrightarrow{D-A_1}}r(x)$

第Ⅲ部　微分方程式の応用

級数展開法（12章）

$$y=\sum_{n=0}^{\infty}A_n x^n,\ y'=\sum_{n=0}^{\infty}(n+1)A_{n+1}x^n,\ y''=\sum_{n=0}^{\infty}(n+2)(n+1)A_{n+2}x^n$$

↓ 微分方程式へ代入

x^n の係数を両辺で比較 ⟶ A_n の漸化式を導出 ⟶ A_n を求める

連立定係数1階線形方程式（13章）

$$\begin{cases} y_1'=A_{11}y_1+A_{12}y_2+q_1 \\ y_2'=A_{21}y_1+A_{22}y_2+q_2 \end{cases} \xrightarrow{y_2 \text{を消去}} \begin{aligned} &y_1''-(A_{11}+A_{22})y_1'+(A_{11}A_{22}-A_{12}A_{21})y_1 \\ &= \frac{dq_1}{dx}-A_{22}q_1+A_{12}q_2 \end{aligned}$$

↓ 固有値

$$\begin{bmatrix} A_{11} & A_{12} \\ A_{21} & A_{22} \end{bmatrix} \boldsymbol{p}_i = B_i \boldsymbol{p}_i,\ \boldsymbol{P}=[\boldsymbol{p}_1\ \boldsymbol{p}_2],\ \boldsymbol{P}^{-1}\begin{bmatrix} y_1 \\ y_2 \end{bmatrix}=\begin{bmatrix} z_1 \\ z_2 \end{bmatrix},\ \boldsymbol{P}^{-1}\begin{bmatrix} q_1 \\ q_2 \end{bmatrix}=\begin{bmatrix} r_1 \\ r_2 \end{bmatrix}$$

↓ 解く　y_1 を求める

↑ 固有ベクトル　　　　　　　　　　　　　　　　　　　　　　　　　↓ y_2 を求める

$B_1 \neq B_2$ のとき

$$\begin{cases} z_1'=B_1 z_1+r_1 \\ z_2'=B_2 z_2+r_2 \end{cases} \xrightarrow{\text{解く}} \begin{bmatrix} y_1 \\ y_2 \end{bmatrix}=\boldsymbol{P}\begin{bmatrix} z_1 \\ z_2 \end{bmatrix}$$ （固有値が2重解の場合も同様に解ける）

完全微分形（14章）

$p(x,y)dx+q(x,y)dy=0$ が完全微分 ⟺ $\dfrac{\partial p}{\partial y}=\dfrac{\partial q}{\partial x}$

一般解　$\int p\,dx + \int \left(q-\dfrac{\partial}{\partial y}\int p\,dx \right) dy = C$

偏微分方程式（15章）

波動方程式（双曲形）

$$\dfrac{\partial^2 u}{\partial x^2} = \dfrac{1}{A_2}\dfrac{\partial^2 u}{\partial t^2} \xrightarrow{u(x,t)=f_x(x)f_t(t)} \begin{cases} \dfrac{d^2 f_x}{dx^2}=-B^2 f_x \\ \dfrac{d^2 f_t}{dt^2}=-(AB)^2 f_t \end{cases}$$

↓ 解く

B が
離散 (B_m)　$u=\sum_{m=1}^{\infty}f_{xm}f_{tm}=\sum_{m=1}^{\infty}(C_{x1m}\cos B_m + C_{x2m}\sin B_m x)(C_{t1m}\cos AB_m t + C_{t2m}\sin AB_m t)$

B が
連続 (b)　$u=\int_0^{\infty}f_x f_t\,db=\int_0^{\infty}\{c_{x1}(b)\cos bx + c_{x2}(b)\cos bx\}\{c_{t1}(b)\cos Abt + c_{t2}(b)\cos Abt\}db$

I
1階微分方程式

　1章では，微分方程式でよく出てくる用語の意味をまとめています．2章では，代表的な微分方程式の形である変数分離形の解き方を学びます．3章では，変数分離形に変形できる代表例として同次形の解き方を説明します．

　4, 5章では，1階線形方程式の解き方を系統的に学習します．4章では斉次方程式を変数分離形に変形して解く方法，5章では，斉次方程式の一般解の形から非斉次方程式を解く定数変化法を扱います．

1 微分方程式の基礎事項

> **要点**
>
> 1. 微分方程式は，独立変数 x の関数とその導関数との間に成り立つ関係式である．
> 2. 微分方程式の階数は，微分方程式に含まれる導関数の最高階数である．
> 3. 線形微分方程式は，未知関数とその導関数について 1 次方程式になっている．
> 4. 一般解は，n 個の任意定数を含んだ n 階微分方程式の解である．
> 5. 特殊解は，一般解の n 個の任意定数に具体的な値を代入して得られる解である．

> **準備**
>
> 1. 2 元連立 1 次方程式の解き方を復習する．

1.1 微分方程式とは

要点1 n 回微分可能な，**独立変数** x の関数

$$y = y(x)$$

とその導関数

$$y' = \frac{\mathrm{d}y}{\mathrm{d}x} = y'(x) \, (1\,\text{階})$$

$$y'' = \frac{\mathrm{d}^2 y}{\mathrm{d}x^2} = y''(x) \, (2\,\text{階})$$

$$\vdots$$

$$y^{(n)} = \frac{\mathrm{d}^{(n)} y}{\mathrm{d}x^{(n)}} = y^{(n)}(x) \, (n\,\text{階})$$

の間に成り立つ関係式

$$f\left(x, y, y', y'', \cdots, y^{(n)}\right) = 0$$

を，y を**未知関数**とする**微分方程式**という．この微分方程式を満足する関数 $y = y(x)$ を**微分方程式の解**といい，解を求めること，または解が満たす方程式をその導関数を含まずに表すことを**微分方程式を解く**という．

1.2 階数

要点2 微分方程式に含まれる導関数の最高階数を，その微分方程式の**階数**という．

例
$$y' = -y \tag{1.1}$$

は 1 階微分方程式である．

例
$$y'' = -y \tag{1.2}$$

は 2 階微分方程式である．

要点3 未知関数 y とその導関数 $y', y'', \cdots, y^{(n)}$ について 1 次方程式になっている微分方程式を，n **階線形微分方程式**という．

例
$$y' + p(x) y = q(x)$$

は 1 階線形微分方程式である．

例
$$y'' + p(x) y' + q(x) y = r(x)$$

は 2 階線形微分方程式である．

上の 2 つの例で右辺の関数が恒等的に 0 となる微分方程式を**斉次微分方程式**(あるいは**同次微分方程式**) といい，右辺の関数が 0 でない微分方程式を**非斉次微分方程式**(あるいは**非同次微分方程式**) という．

線形微分方程式でないものを**非線形微分方程式**という．

例
$$y' + y^2 = 0$$

は，y の 2 次関数を含むので非線形微分方程式である．

1.3 一般解と特殊解

要点4 n 階微分方程式の解は n 個の任意定数を含んでおり，そのような解を**一般解**という．

要点5 一般解の n 個の任意定数に具体的な値を代入して得られる解を**特殊解**という．

例 1 階微分方程式 (1.1) の一般解は

$$y = C \exp(-x)$$

であり，1 個の任意定数 C を含む．たとえば，$C = 1$ を代入して得られた解 $y = \exp(-x)$ は特殊解の例である．

例 2 階微分方程式 (1.2) の一般解は，

$$y = C_1 \cos x + C_2 \sin x$$

であり，2 個の任意定数 C_1, C_2 を含む．たとえば，$C_1 = 1, C_2 = 0$ を代入して得られた解 $y = \cos x$ は特殊解の例である．

微分方程式の一般解の任意定数にどのような値を入れても得られない解を**特異解**という．

例 微分方程式 $y'^2 = 4y$ の一般解は $y = (x - C)^2$ である．ここで，C は任意定数である．$y = 0$ も微分方程式の解であるが，一般解の任意定数 C にどのような値を入れても得られない．よって，$y = 0$ は特異解である．

1.4 初期条件と境界条件

独立変数 x の 1 つの値 X に対する関数 y と導関数 $y', y'', \cdots, y^{(n)}$ の値を与える条件を**初期条件**といい，その条件を満足する特殊解を求める問題を**初期値問題**という．n 階微分方程式の一般解は n 個の任意定数を含んでいるので，関数 $y(X)$ と $(n-1)$ 階までの導関数 $y'(X), y''(X), \cdots, y^{(n-1)}(X)$ の値を与える．初期値問題は時間的変化を扱う問題によくあらわれる．

独立変数 x の複数の値 $X_1, X_2, \cdots, X_n$ に対する関数 y あるいは導関数 $y', y'', \cdots, y^{(n)}$ の値を与える条件を**境界条件**といい，その条件を満足する特殊解を求める問題を**境界値問題**という．n 階微分方程式の一般解は n 個の任意定数を含んでいるので，n 個の境界条件を与える．たとえば関数の値を与える

場合，$y(X_1), y(X_2), \cdots, y(X_n)$ の値を与える．境界値問題は場所的変化を扱う問題によくあらわれる．

例題 1.1 1 階微分方程式 (1.1) を，$x = 0$ のとき $y = y(0) = 1$ の初期条件で解く．
答 1 階微分方程式 (1.1) の一般解 $y = C \exp(-x)$ に初期条件を代入すると，$C = 1$ となる．よって，$y = \exp(-x)$ がその初期条件での特殊解になる．■

例題 1.2 2 階微分方程式 (1.2) を，$x = 0$ のとき $y = y(0) = 1$ および $x = \dfrac{\pi}{2}$ のとき $y = y\left(\dfrac{\pi}{2}\right) = 0$ の 2 つの境界条件で解く．
答 2 階微分方程式 (1.2) の一般解 $y = C_1 \cos x + C_2 \sin x$ に 2 つの境界条件を代入する．

$x = 0$ のとき $\sin x = 0$ であるので $C_1 = 1$ となる．また，$x = \dfrac{\pi}{2}$ のとき $\cos x = 0$ であるので $C_2 = 0$ となる．よって，$y = \cos x$ がその境界条件での特殊解になる．■

1.5 積分法の復習

微分方程式を解く際には，関数を積分する必要がある．以下に，代表的な積分法をまとめておく．

置換積分…u が x の関数であるとき，$\displaystyle\int f(u) \frac{\mathrm{d}u}{\mathrm{d}x} \mathrm{d}x = \int f(u) \, \mathrm{d}u$ となる．
部分積分…2 つの関数 $f(x), g(x)$ に関して，

$$\int f'(x) g(x) \, \mathrm{d}x = f(x) g(x) - \int f(x) g'(x) \, \mathrm{d}x$$

が成り立つ．

例題 1.3 $\displaystyle\int \frac{x}{x^2 + 1} \mathrm{d}x$ を求める．
答 $x^2 + 1 = u$ とおくと，$\dfrac{\mathrm{d}u}{\mathrm{d}x} = 2x$ であるので，

$$\int \frac{x}{x^2 + 1} \mathrm{d}x = \frac{1}{2} \int \frac{1}{u} \frac{\mathrm{d}u}{\mathrm{d}x} \mathrm{d}x = \frac{1}{2} \int \frac{1}{u} \mathrm{d}u = \frac{1}{2} \log_{\mathrm{e}} |u| + C = \frac{1}{2} \log_{\mathrm{e}} (x^2 + 1) + C$$

となる．ここで，C は任意定数である．

関数 f の**原始関数**は導関数が f となる関数をいう．$\dfrac{1}{u}$ の原始関数は底を e とする対数関数である自然対数 $\log_{\mathrm{e}} |u|$ となる．今後，本書で用いる対数関数はすべて自然対数であるため，底の e を省いて $\log |u|$ のように記述する．なお，対数関数の引数は正であるため，u の絶対値をとることに注意する．

例題 1.4 $\displaystyle\int x \log x \, \mathrm{d}x$ を求める．

答

$$\int x \log x \, \mathrm{d}x = \int \left(\frac{1}{2}x^2\right)' \log x \, \mathrm{d}x = \frac{1}{2}x^2 \log x - \frac{1}{2}\int x^2 (\log x)' \, \mathrm{d}x$$
$$= \frac{1}{2}x^2 \log x - \frac{1}{2}\int x^2 \frac{1}{x} \mathrm{d}x = \frac{1}{2}x^2 \log x - \frac{1}{2}\int x \, \mathrm{d}x$$
$$= \frac{1}{2}x^2 \log x - \frac{1}{4}x^2 + C$$

となる．ここで，C は任意定数である．

1.6 関数のべき級数展開の復習

べき級数 $\displaystyle\sum_{n=0}^{\infty} A_n x^n$ が，$|x| < \rho$ の範囲 (これを**収束域**という) で収束するとき，ρ を**収束半径**という．これを求める方法として次の 2 つがある．収束域では，項別に微分，積分が可能である．

$$\lim_{n \to \infty} \left| \frac{A_{n+1}}{A_n} \right| = \frac{1}{\rho}$$
$$\lim_{n \to \infty} \sqrt[n]{|A_n|} = \frac{1}{\rho}$$

関数 $f(x)$ の**マクローリン展開** (または $x=0$ における**テーラー展開**という) は以下で与えられる．

$$f(x) = f(0) + f'(0)x + \frac{1}{2!}f''(0)x + \cdots = \sum_{n=0}^{\infty} \frac{f^{(n)}(0)}{n!}x^n$$

これは，関数をべき級数で展開したものと同じであり，x^n の係数 A_n は $\dfrac{f^{(n)}(0)}{n!}$

で与えられる．

例題 1.5 $\dfrac{1}{1+x}$ を $x=0$ においてテーラー展開し，この収束域を求める．

答 $f(x) = \dfrac{1}{1+x} = (x+1)^{-1}$ とおく．$f'(x) = -(x+1)^{-2}$, $f''(x) = 2(x+1)^{-3}$ より，
$$f^{(n)}(x) = n!(-1)^n (x+1)^{-n-1}$$

$f^{(n)}(0) = n!(-1)^n$ より，テーラー展開は
$$\frac{1}{1+x} = \sum_{n=0}^{\infty} (-1)^n x^n$$

となる．$A_n = (-1)^n$ より，
$$\frac{1}{\rho} = \lim_{n \to \infty} \left| \frac{A_{n+1}}{A_n} \right| = \lim_{n \to \infty} |-1| = 1$$

となる．よって，収束域は $|x| < 1$ となる．∎

展開

問題 1.1 次の微分方程式の階数を示せ．
(1) $x^2 y'' + xy' + y = 0$, (2) $y' + \dfrac{1}{x} y = x$

問題 1.2 次の微分方程式は線形方程式か，非線形方程式かを示せ．
(1) $y'^2 + xy = 0$, (2) $y' + \dfrac{1}{x} y = x$

問題 1.3 次の微分方程式は斉次方程式か，非斉次方程式かを示せ．
(1) $x^2 y'' + xy' + y = 0$, (2) $y' + \dfrac{1}{x} y = x$

問題 1.4 (1) 微分方程式 $y'' = y$ の一般解は $y = C_1 \exp x + C_2 \exp(-x)$ であることを，微分方程式へ代入して確認せよ．
(2) 微分方程式 $y'' = y$ を，$x = 0$ のとき $y = y(0) = 1$ および $y' = y'(0) = 0$ の 2 つの初期条件で解け．

問題 1.5 (1) 微分方程式 $y = xy' - y'^2$ の一般解は $y = \dfrac{1}{2} Cx - \dfrac{1}{4} C^2$ であることを，微分方程式へ代入して確認せよ．
(2) $y = \dfrac{1}{4} x^2$ が微分方程式 $y = xy' - y'^2$ の特異解であることを確認せよ．

2 変数分離形

> **要点**
> 1. 変数分離形は，1階の導関数が $y' = \dfrac{dy}{dx} = f(x) g(y)$ のように x だけの関数と y だけの関数の積の形になっている．
> 2. 変数分離形は，$\displaystyle \int \dfrac{1}{g(y)} dy = \int f(x) dx + C$ と変形して解く．
> 3. 1階微分方程式の一般解は1つの任意定数 C を含む．

> **準備**
> 1. 部分分数分解の方法を復習する．

2.1 変数分離形とは

1階の導関数 $y' = \dfrac{dy}{dx}$ が x だけの関数 $f(x)$ と y だけの関数 $g(y)$ の積の形で与えられた1階微分方程式を**変数分離形**という．

$$y' = \frac{dy}{dx} = f(x) g(y) \tag{2.1}$$

2.2 変数分離形の解き方

$g(y) \neq 0$ とし，式 (2.1) の両辺を $g(y)$ で割ると，

$$\frac{1}{g(y)} \frac{dy}{dx} = f(x)$$

となる．この両辺を x で積分すると，

$$\int \frac{1}{g(y)} \frac{dy}{dx} dx = \int f(x) dx$$

$$\int \frac{1}{g(y)} dy = \int f(x) dx + C \tag{2.2}$$

となる．式 (2.2) の左辺は y だけの関数に，右辺は x だけの関数になっており，このようにすることを**変数分離**という．式 (2.2) の両辺の積分を行えば一般解が求められる．なお，左辺と右辺をそれぞれ積分すれば，それぞれから任意定数 C_y と C_x が出てくるが，左辺の任意定数 C_y を右辺へ移項すれば 1 つの任意定数 $C\,(= C_x - C_y)$ にまとめることができる．

$g(y) = 0$ の場合は，1 階微分方程式 (2.1) が $\dfrac{\mathrm{d}y}{\mathrm{d}x} = 0$ となるので，その一般解は $y = C$(定数) となる．

要点3 式 (2.1) は 1 階微分方程式であるので，その一般解 (2.2) は 1 つの任意定数 C を含む．

例題 2.1

$$\frac{\mathrm{d}y}{\mathrm{d}x} = Ay \tag{2.3}$$

を解く．ただし，A は定数である．

答 $y \neq 0$ として両辺を y で割ると，

$$\frac{1}{y}\frac{\mathrm{d}y}{\mathrm{d}x} = A$$

となる．この両辺を x で積分すると，

$$\int \frac{1}{y}\mathrm{d}y = \int A\mathrm{d}x + C_0$$
$$\log|y| = Ax + C_0$$

ここで，C_0 は任意定数である．

$$|y| = \exp(Ax + C_0) = \exp C_0 \exp(Ax)$$
$$y = C \exp(Ax) \tag{2.4}$$

なお，$C = \pm \exp C_0$ とおいた．

$y = 0$ は式 (2.4) において $C = 0$ としたときの特殊解である．

以上より，微分方程式 (2.3) の一般解は，

$$y = C \exp(Ax)$$

である．ただし，C は任意定数である．

例題 2.2
$$\frac{\mathrm{d}y}{\mathrm{d}x} = xy \tag{2.5}$$
を解く．

答 $y \neq 0$ として両辺を y で割ると，
$$\frac{1}{y}\frac{\mathrm{d}y}{\mathrm{d}x} = x$$
となる．この両辺を x で積分すると，
$$\int \frac{1}{y}\mathrm{d}y = \int x\mathrm{d}x + C_0$$
$$\log|y| = \frac{1}{2}x^2 + C_0$$
ここで，C_0 は任意定数である．
$$|y| = \exp\left(\frac{1}{2}x^2 + C_0\right) = \exp C_0 \exp\left(\frac{1}{2}x^2\right)$$
$$y = C\exp\left(\frac{1}{2}x^2\right) \tag{2.6}$$
なお，$C = \pm \exp C_0$ とおいた．

$y = 0$ は式 (2.6) において $C = 0$ としたときの特殊解である．

以上より，微分方程式 (2.5) の一般解は，
$$y = C\exp\left(\frac{1}{2}x^2\right)$$
である．ただし，C は任意定数である． ■

例題 2.3 $\dfrac{\mathrm{d}y}{\mathrm{d}x} = y(y+1)$ を解く．

答 $y \neq 0, -1$ として両辺を $y(y+1)$ で割ると，
$$\frac{1}{y(y+1)}\frac{\mathrm{d}y}{\mathrm{d}x} = 1$$
となる．この両辺を x で積分すると，

$$\int \frac{1}{y(y+1)} \mathrm{d}y = x + C_0$$

となる．ここで，C_0 は任意定数である．左辺の被積分関数は，

$$\frac{1}{y(y+1)} = \frac{1}{y} - \frac{1}{y+1}$$

と部分分数分解できるので，

$$\int \frac{1}{y} \mathrm{d}y - \int \frac{1}{y+1} \mathrm{d}y = x + C_0$$
$$\log|y| - \log|y+1| = x + C_0$$
$$\log\left|\frac{y}{y+1}\right| = x + C_0$$

となる．

$$\left|\frac{y}{y+1}\right| = \exp(x + C_0) = \exp C_0 \exp x$$
$$\frac{y}{y+1} = C \exp x$$

なお，$C = \pm \exp C_0$ とおいた．さらに，変形すると，

$$y = \frac{C \exp x}{1 - C \exp x}$$

となる．

この式において，$C = 0$ とおくと $y = 0$ となり，$C = \pm \infty$ とおくと $y = \dfrac{\exp x}{\dfrac{1}{C} - \exp x} = -1$ となるので，$y = 0, -1$ もこの式に含まれる．なお，「$y = \cdots$」の形にまでしなくても $\dfrac{y}{y+1} = C \exp x$ のように y の導関数を含まない方程式の形で答えてもよい． ∎

2.3　$\dfrac{\mathrm{d}y}{\mathrm{d}x} = f(Ax + By + C)$ の形の解き方

$$\frac{\mathrm{d}y}{\mathrm{d}x} = f(Ax + By + C) \tag{2.7}$$

の形で表される微分方程式は，以下の手順で変数分離形へ変形できる．

$$u = Ax + By + C$$

とおき，両辺を x で微分すると

$$\frac{\mathrm{d}u}{\mathrm{d}x} = A + B\frac{\mathrm{d}y}{\mathrm{d}x}$$

となる．これに式 (2.7) を代入すると，

$$\frac{\mathrm{d}u}{\mathrm{d}x} = A + Bf(u)$$

となる．この式は以下のように変数分離形に変形できる．

$$\frac{1}{A + Bf(u)}\frac{\mathrm{d}u}{\mathrm{d}x} = 1$$

例題 2.4

$$\frac{\mathrm{d}y}{\mathrm{d}x} = x + y + 1 \tag{2.8}$$

を解く．

答 $u = x + y + 1$ とおき，両辺を x で微分すると

$$\frac{\mathrm{d}u}{\mathrm{d}x} = 1 + \frac{\mathrm{d}y}{\mathrm{d}x}$$

となる．これに式 (2.8) を代入すると，

$$\frac{\mathrm{d}u}{\mathrm{d}x} - 1 = u$$

$$\frac{\mathrm{d}u}{\mathrm{d}x} = 1 + u$$

となる．

$u \neq -1$ のとき，両辺を $u + 1$ で割ると，

$$\frac{1}{u + 1}\frac{\mathrm{d}u}{\mathrm{d}x} = 1$$

となる．この両辺を x で積分すると，

$$\int \frac{1}{u + 1}\mathrm{d}u = \int \mathrm{d}x + C_0$$

$$\log|u+1| = x + C_0$$

となる．ここで，C_0 は任意定数である．

$$|u+1| = \exp(x+C_0) = \exp C_0 \exp x$$
$$u+1 = C \exp x$$

なお，$C = \pm \exp C_0$ とおいた．

$u = -1$ は，この式において $C = 0$ としたときの特殊解である．

$u = x+y+1$ を代入すると，

$$(x+y+1)+1 = x+y+2 = C\exp x$$
$$y = C\exp x - x - 2$$

となる． ■

展開

問題 2.1 次の変数分離形の微分方程式を解け．

(1) $y\dfrac{dy}{dx} = x^2$ (2) $x^2\dfrac{dy}{dx} = y$ (3) $x(x+1)\dfrac{dy}{dx} = -y$

(4) $2y\dfrac{dy}{dx} = y^2 + 1$ (5) $\dfrac{dy}{dx} = \dfrac{xy}{\sqrt{x^2+1}}$

(6) $\dfrac{dy}{dx} = y^2 + 1$ （ヒント：$\dfrac{1}{y^2+1}$ の原始関数は $\tan^{-1} y$ である）

(7) $\cos x \cos y \dfrac{dy}{dx} = \sin x \sin y$ (8) $\dfrac{dy}{dx} = \exp(x-y)$

(9) $\dfrac{dy}{dx} = \dfrac{1}{x+y}$

(10) $\dfrac{dy}{dx} = \cos(x+y+1)$ （ヒント：$\dfrac{1}{\cos^2 u}$ の原始関数は $\tan u$ である）

3 同次形

> **要点**
> 1. 同次形は，1階の導関数が $y' = \dfrac{dy}{dx} = f\left(\dfrac{y}{x}\right)$ のように $\dfrac{y}{x}$ の関数の形になっている．
> 2. 同次形は，$\dfrac{y}{x} = u$ とおき，$\dfrac{dy}{dx} = u + x\dfrac{du}{dx}$ から $\dfrac{du}{dx} = \dfrac{f(u) - u}{x}$ の変数分離形へ変形して u を解く．その後，$y = xu$ より y を求める．

> **準備**
> 1. 変数分離形の解き方を復習する (2章)．

3.1 同次形とは

1階の導関数 $y' = \dfrac{dy}{dx}$ が $\dfrac{y}{x}$ の関数 $f\left(\dfrac{y}{x}\right)$ で与えられた1階微分方程式を**同次形**という．

$$\frac{dy}{dx} = f\left(\frac{y}{x}\right) \tag{3.1}$$

3.2 同次形の解き方

$$\frac{y}{x} = u$$

すなわち $y = xu$ とおく．u が x の関数であることに注意する．

$$\frac{dy}{dx} = u + x\frac{du}{dx}$$

となることから，微分方程式 (3.1) は，

$$u + x\frac{du}{dx} = f(u)$$
$$\frac{du}{dx} = \frac{f(u) - u}{x}$$

となる．この式は u を未知関数とする変数分離形である．$\dfrac{1}{f(u)-u}\dfrac{du}{dx}=\dfrac{1}{x}$ として，両辺を x で積分すると，

$$\int \frac{1}{f(u)-u}du = \int \frac{1}{x}dx + C \tag{3.2}$$

となる．2.2 節での変数分離形の解法により，u を求め，それに x をかけることで微分方程式 (3.1) の一般解 y が求められる．

式 (3.1) は 1 階微分方程式であるので，その一般解 (3.2) は 1 つの任意定数 C を含む．

例題 3.1

$$\frac{dy}{dx} = \frac{y}{x} + 1 \tag{3.3}$$

を解く (参照：**例題 5.5**，**例題 12.2**)．

答 $\dfrac{y}{x}=u$ とおき，$\dfrac{dy}{dx}=u+x\dfrac{du}{dx}$ を式 (3.3) に代入する．

$$\begin{aligned} u + x\frac{du}{dx} &= u + 1 \\ \frac{du}{dx} &= \frac{1}{x} \end{aligned}$$

両辺を x で積分すると，

$$\begin{aligned} \int du &= \int \frac{1}{x}dx + C \\ u &= \log|x| + C \end{aligned}$$

となる．ここで，C は任意定数である．よって，微分方程式 (3.3) の一般解 y は，

$$y = xu = x\log|x| + Cx$$

となる．　■

例題 3.2 $\dfrac{dy}{dx}=\dfrac{y^2-x^2}{2xy}$ を解く．

答 $\dfrac{dy}{dx}=\dfrac{1}{2}\left(\dfrac{y}{x}-\dfrac{x}{y}\right)$ となり，同次形である．$\dfrac{y}{x}=u$ とおき，$\dfrac{dy}{dx}=u+x\dfrac{du}{dx}$

を代入すると，

$$u + x\frac{\mathrm{d}u}{\mathrm{d}x} = \frac{1}{2}\left(u - \frac{1}{u}\right)$$

$$2x\frac{\mathrm{d}u}{\mathrm{d}x} = -\frac{u^2+1}{u}$$

$$\frac{2u}{u^2+1}\frac{\mathrm{d}u}{\mathrm{d}x} = -\frac{1}{x}$$

となる．両辺を x で積分すると，

$$\int \frac{2u}{u^2+1}\mathrm{d}u = -\int \frac{1}{x}\mathrm{d}x + C_0$$

$$\log\left(u^2+1\right) = -\log|x| + C_0$$

となる．左辺の u^2+1 は常に正であるため，絶対値をとる必要がないことに注意する．さらに変形すると，

$$\log\left(u^2+1\right) = -\log|x| + \log\{\exp(C_0)\}$$

$$= \log\frac{\exp(C_0)}{|x|}$$

$$u^2 + 1 = \frac{C}{x}$$

となる．ここで，$C\,(=\pm\exp C_0)$ は任意定数である．

$u = \dfrac{y}{x}$ を代入して整理すると，

$$\left(\frac{y}{x}\right)^2 + 1 = \frac{C}{x}$$

$$y^2 = -x^2 + Cx$$

となる． ∎

3.3 $\dfrac{\mathrm{d}y}{\mathrm{d}x} = f\left(\dfrac{Ax+By+C}{Dx+Ey+F}\right)$ の形の解き方

$$\frac{\mathrm{d}y}{\mathrm{d}x} = f\left(\frac{Ax+By}{Dx+Ey}\right) \tag{3.4}$$

の形の微分方程式は，引数の分子，分母をそれぞれ x で割ると，

$$\frac{\mathrm{d}y}{\mathrm{d}x} = f\left(\frac{A + B\dfrac{y}{x}}{D + E\dfrac{y}{x}}\right)$$

のように同次形とみなすことができる．

$$\frac{\mathrm{d}y}{\mathrm{d}x} = f\left(\frac{Ax + By + C}{Dx + Ey + F}\right)$$

の形の微分方程式は，引数の分子 $Ax + By + C$ と分母 $Dx + Ey + F$ が同時に 0 となる $x = X$, $y = Y$ を用いて，

$$x_0 = x - X$$
$$y_0 = y - Y$$

の変数変換を行うと，

$$\frac{\mathrm{d}y_0}{\mathrm{d}x_0} = f\left(\frac{Ax_0 + By_0}{Dx_0 + Ey_0}\right)$$

と式 (3.4) の形に変形できる．

例題 3.3

$$\frac{\mathrm{d}y}{\mathrm{d}x} = \frac{x - y - 1}{x + y - 3} \tag{3.5}$$

を解く．

答 右辺の分子 $x - y - 1$ と分母 $x + y - 3$ が同時に 0 となるのは $x = 2$, $y = 1$ である．

$$x_0 = x - 2$$
$$y_0 = y - 1$$

の変数変換を行うと，式 (3.5) は，

$$\frac{\mathrm{d}y_0}{\mathrm{d}x_0} = \frac{x_0 - y_0}{x_0 + y_0}$$

となる．右辺の分子，分母をそれぞれ x_0 で割ると，

$$\frac{\mathrm{d}y_0}{\mathrm{d}x_0} = \frac{1 - \dfrac{y_0}{x_0}}{1 + \dfrac{y_0}{x_0}}$$

のように同次形となる．$\dfrac{y_0}{x_0} = u$ とおき，$\dfrac{\mathrm{d}y_0}{\mathrm{d}x_0} = u + x_0 \dfrac{\mathrm{d}u}{\mathrm{d}x_0}$ を代入すると，

$$u + x_0 \frac{\mathrm{d}u}{\mathrm{d}x_0} = \frac{1-u}{1+u}$$

$$x_0 \frac{\mathrm{d}u}{\mathrm{d}x_0} = \frac{1-u}{1+u} - u$$

$$= \frac{1 - 2u - u^2}{1+u}$$

$$\frac{u+1}{u^2 + 2u - 1} \frac{\mathrm{d}u}{\mathrm{d}x_0} = -\frac{1}{x_0}$$

と変数分離形になる．両辺を x_0 で積分すると，

$$\int \frac{u+1}{u^2 + 2u - 1} \mathrm{d}u = -\int \frac{1}{x_0} \mathrm{d}x_0 + C_0$$

となる．ここで，C_0 は任意定数である．左辺において分母 $u^2 + 2u - 1$ の微分が $2u + 2$ と分子の 2 倍であることに注意して，

$$\frac{1}{2} \log\left|u^2 + 2u - 1\right| = -\log|x_0| + C_0$$

$$\log\left|u^2 + 2u - 1\right| = -2\log|x_0| + 2C_0$$

$$= \log \frac{1}{x_0{}^2} + \log\left\{\exp\left(2C_0\right)\right\}$$

$$= \log \frac{\exp\left(2C_0\right)}{x_0{}^2}$$

$$u^2 + 2u - 1 = \frac{C_{00}}{x_0{}^2}$$

となる．ここで，$C_{00} = \pm\exp\left(2C_0\right)$ とおいた．

$u = \dfrac{y_0}{x_0}$ を代入すると，

$$\left(\frac{y_0}{x_0}\right)^2 + 2\left(\frac{y_0}{x_0}\right) - 1 = \frac{C_{00}}{x_0{}^2}$$

$$y_0{}^2 + 2x_0 y_0 - x_0{}^2 = C_{00}$$

となる．

$x_0 = x - 2$，$y_0 = y - 1$ の変数変換をもとに戻すと，

$$(y-1)^2 + 2(x-2)(y-1) - (x-2)^2 = C_{00}$$

$$-x^2 + 2xy + y^2 + 2x - 6y + 1 = C_{00}$$
$$-x^2 + 2xy + y^2 + 2x - 6y = C$$

となる．なお，$C = C_{00} - 1$ とおいた． ■

展開

> **問題 3.1** 次の微分方程式を同次形に直して解け．
> (1) $(x+y)\dfrac{dy}{dx} = y$
> (2) $2y\dfrac{dy}{dx} = x + y$
> (3) $\dfrac{dy}{dx} = \dfrac{y^2 - x^2}{xy}$
> (4) $\dfrac{dy}{dx} = \dfrac{y}{x} + \tan\dfrac{y}{x}$
> (5) $\dfrac{dy}{dx} = -\dfrac{y}{x}\log\dfrac{x}{y}$
> (6) $x^2\dfrac{dy}{dx} = x^2 - xy + y^2$
> (7) $(x^2 + xy)\dfrac{dy}{dx} = y^2$
> (8) $x\dfrac{dy}{dx} = y - \sqrt{x^2 + y^2}$ （ヒント：$\dfrac{1}{\sqrt{1+u^2}}$ の原始関数は $\log\left|u + \sqrt{1+u^2}\right|$ である）
> (9) $\dfrac{dy}{dx} = -\dfrac{2x+y}{x+2y}$
> (10) $\dfrac{dy}{dx} = -\dfrac{2x+y+4}{x+2y+5}$ （参照：**問題 3.1**(9)）

4　1階線形斉次方程式

> **要点**
>
> 1. 1階線形方程式 $y' + p(x)y = q(x)$ は，y と y' について1次方程式の形になっている．
> 2. 1階線形斉次方程式は，$y' + p(x)y = 0$ のように，1階線形方程式の右辺が恒等的に 0 ($q(x) = 0$) になっている．
> 3. 1階線形斉次方程式の一般解は，$y = C \exp\left\{ -\int p(x)\,\mathrm{d}x \right\}$ であり，1つの任意定数 C を含む．

> **準備**
>
> 1. 変数分離形の解き方を復習する (2章)．

4.1　1階線形斉次方程式とは

未知関数 y とその1階導関数 y' について1次方程式になっている微分方程式

$$y' + p(x)y = q(x) \tag{4.1}$$

を **1階線形方程式**という．$p(x)$，$q(x)$ はある区間上で連続であり，この区間上での解を考える．

式 (4.1) において恒等的に $q(x) = 0$ である次のような方程式を **1階線形斉次方程式**(または **1階線形同次方程式**) という．

$$y' + p(x)y = 0 \tag{4.2}$$

4章では，1階線形斉次方程式の解法を扱う．なお，式 (4.1) において $q(x) \neq 0$ である方程式を **1階線形非斉次方程式**(または **1階線形非同次方程式**) といい，その解法は 5 章で扱う．

4.2 1階線形斉次方程式の解き方

微分方程式 (4.2) は

$$\frac{dy}{dx} = -p(x)y$$

となり，この式は変数分離形である．$y \neq 0$ とし，両辺を y で割ると，

$$\frac{1}{y}\frac{dy}{dx} = -p(x)$$

となる．この両辺を x で積分すると，

$$\int \frac{1}{y}dy = -\int p(x)dx + C_0$$

$$\log|y| = -\int p(x)dx + C_0$$

となる．ここで，C_0 は任意定数である．

$$|y| = \exp\left\{-\int p(x)dx + C_0\right\} = \exp C_0 \exp\left\{-\int p(x)dx\right\}$$

$$y = C\exp\left\{-\int p(x)dx\right\} \tag{4.3}$$

なお，$C = \pm\exp C_0$ とおいた．

$y = 0$ は式 (4.3) において $C = 0$ としたときの特殊解である．

以上より，微分方程式 (4.2) の一般解は，

$$y = C\exp\left\{-\int p(x)dx\right\}$$

である．ただし，C は任意定数である．

式 (4.2) は 1 階微分方程式であるので，その一般解 (4.3) は 1 つの任意定数 C を含む．

例題 4.1

$$\frac{dy}{dx} + xy = 0 \tag{4.4}$$

を解く．

答 式 (4.4) は $\frac{dy}{dx} = -xy$ となる．$y \neq 0$ とし，両辺を y で割ると，

$$\frac{1}{y}\frac{\mathrm{d}y}{\mathrm{d}x} = -x$$

となる．この両辺を x で積分すると，

$$\int \frac{1}{y}\mathrm{d}y = -\int x\mathrm{d}x + C_0$$
$$\log|y| = -\frac{1}{2}x^2 + C_0$$

となる．ここで，C_0 は任意定数である．

$$|y| = \exp\left(-\frac{1}{2}x^2 + C_0\right) = \exp C_0 \exp\left(-\frac{1}{2}x^2\right)$$
$$y = C\exp\left(-\frac{1}{2}x^2\right) \tag{4.5}$$

なお，$C = \pm\exp C_0$ とおいた．

$y = 0$ は式 (4.5) において $C = 0$ としたときの特殊解である．

以上より，微分方程式 (4.4) の一般解は，

$$y = C\exp\left(-\frac{1}{2}x^2\right)$$

である．ただし，C は任意定数である． ■

例題 4.2

$$y' - Py = 0 \tag{4.6}$$

を解く．ただし，P は定数である（参照：**例題 11.1**）．

答 式 (4.6) は，微分方程式 (4.2) において $p(x) = -P$ とした定係数の場合である．よって，一般解は

$$y = C\exp\left\{-\int(-P)\mathrm{d}x\right\} = C\exp\left(\int P\mathrm{d}x\right) = C\exp(Px)$$

となる． ■

4.3 階数の引き下げによる解き方

2階微分方程式 $f\left(x, y, \dfrac{dy}{dx}, \dfrac{d^2y}{dx^2}\right) = 0$ において，y が含まれていないもの

$$f\left(x, \dfrac{dy}{dx}, \dfrac{d^2y}{dx^2}\right) = 0$$

は，$\dfrac{dy}{dx} = u$ とおくと $\dfrac{d^2y}{dx^2} = \dfrac{du}{dx}$ であるので，1階微分方程式 $f\left(x, u, \dfrac{du}{dx}\right) = 0$ へ階数を引き下げできる．

一方，2階微分方程式 $f\left(x, y, \dfrac{dy}{dx}, \dfrac{d^2y}{dx^2}\right) = 0$ において，x が含まれていないもの

$$f\left(y, \dfrac{dy}{dx}, \dfrac{d^2y}{dx^2}\right) = 0$$

は，$\dfrac{dy}{dx} = u$ とおくと

$$\dfrac{d^2y}{dx^2} = \dfrac{du}{dx} = \dfrac{du}{dy}\dfrac{dy}{dx} = \dfrac{du}{dy}u$$

であるので，$f\left(y, u, \dfrac{du}{dy}u\right) = 0$ となる．これは y を独立変数とする1階微分方程式とみなせる．

$\dfrac{d^2y}{dx^2} - \dfrac{dy}{dx} = 0$ は y と x を含んでいない2階微分方程式である．この微分方程式を，y が含まれていないと考える場合 (**例題 4.3**) と x が含まれていないと考える場合 (**例題 4.4**) の2つの方法で解く．

例題 4.3 $\dfrac{d^2y}{dx^2} - \dfrac{dy}{dx} = 0$ を解く (参照：**例題 4.4**).

答 y が含まれていないので $\dfrac{dy}{dx} = u$ とおく．$\dfrac{d^2y}{dx^2} = \dfrac{du}{dx}$ であるので，

$$\dfrac{du}{dx} - u = 0$$

$$\dfrac{du}{dx} = u$$

$$u = C_1 \exp x \left(= \dfrac{dy}{dx}\right)$$

となる．ここで，C_1 は任意定数である．

さらに両辺を x で積分すると，

$$y = C_1 \exp x + C_2 \tag{4.7}$$

となる．ここで，C_2 は任意定数である． ∎

例題 4.4

$$\frac{\mathrm{d}^2 y}{\mathrm{d}x^2} - \frac{\mathrm{d}y}{\mathrm{d}x} = 0 \tag{4.8}$$

を解く (参照：**例題 4.3**)．

答 x が含まれていないので，$\dfrac{\mathrm{d}y}{\mathrm{d}x} = u$ とおく．$\dfrac{\mathrm{d}^2 y}{\mathrm{d}x^2} = \dfrac{\mathrm{d}u}{\mathrm{d}x} = \dfrac{\mathrm{d}u}{\mathrm{d}y}\dfrac{\mathrm{d}y}{\mathrm{d}x} = \dfrac{\mathrm{d}u}{\mathrm{d}y} u$
であるので，

$$\frac{\mathrm{d}u}{\mathrm{d}y} u - u = u\left(\frac{\mathrm{d}u}{\mathrm{d}y} - 1\right) = 0$$

となる．

$u = 0 \left(= \dfrac{\mathrm{d}y}{\mathrm{d}x}\right)$ のとき，$y = C$ となる．ここで，C は任意定数である．
$\dfrac{\mathrm{d}u}{\mathrm{d}y} - 1 = 0$ のとき，$\dfrac{\mathrm{d}u}{\mathrm{d}y} = 1$ より，

$$u = y + C_{10} \left(= \frac{\mathrm{d}y}{\mathrm{d}x}\right)$$

となる．ここで，C_{10} は任意定数である．

$$\frac{1}{y + C_{10}}\frac{\mathrm{d}y}{\mathrm{d}x} = 1$$
$$\int \frac{1}{y + C_{10}}\mathrm{d}y = \int \mathrm{d}x + C_{200}$$
$$\log|y + C_{10}| = x + C_{200}$$

となる．ここで，C_{200} は任意定数である．

$$|y + C_{10}| = \exp(x + C_{200}) = \exp C_{200} \exp x$$
$$y + C_{10} = C_{20} \exp x$$
$$y = C_{20} \exp x - C_{10} \tag{4.9}$$

なお，$C_{20} = \pm \exp C_{200}$ とおいた．

$y = C$ は，式 (4.9) において $C_{20} = 0$ とした場合となる．

よって，式 (4.8) の一般解は，

$$y = C_{20} \exp x - C_{10}$$

である． ■

例題 4.3 と 例題 4.4 は同じ微分方程式であるので，その一般解は同じになる．例題 4.3 の一般解 (4.7) の C_1 と C_2 をそれぞれ C_{20} と $-C_{10}$ におき換えると，例題 4.4 の一般解 (4.9) が得られる．

展開

問題 4.1 次の 1 階線形斉次方程式を解け．

(1) $\dfrac{dy}{dx} + y = 0$

(2) $\dfrac{dy}{dx} - x^2 y = 0$

(3) $\dfrac{dy}{dx} - y \exp x = 0$

(4) $\dfrac{dy}{dx} - \dfrac{1}{x} y = 0$

(5) $\dfrac{dy}{dx} + \dfrac{x}{\sqrt{x^2 + 1}} y = 0$

(6) $\dfrac{dy}{dx} + y \sin x = 0$

(7) $\dfrac{dy}{dx} - y \tan x = 0$

(8) $(1 - x) \dfrac{dy}{dx} - y = 0$

(9) $x \dfrac{d^2 y}{dx^2} + \dfrac{dy}{dx} = 0$

(10) $y \dfrac{d^2 y}{dx^2} + \left(\dfrac{dy}{dx} \right)^2 = 0$

5　1階線形非斉次方程式

> **要点**
>
> 1. 1階線形非斉次方程式は，1階線形方程式 $y' + p(x)y = q(x)$ において非斉次項 $q(x) \neq 0$ になっている．
> 2. 非斉次方程式の一般解は，対応する斉次方程式の解と未知関数の積とおいて求められる (定数変化法)．
> 3. 1階線形非斉次方程式の一般解は
> $$y = \exp\left\{-\int p(x)\,\mathrm{d}x\right\} \int \left[q(x)\exp\left\{\int p(x)\,\mathrm{d}x\right\}\right]\mathrm{d}x \\ + C\exp\left\{-\int p(x)\,\mathrm{d}x\right\}$$
> であり，1つの任意定数 C を含む．
> 4. 非斉次方程式の一般解は，対応する斉次方程式の一般解に非斉次方程式の特殊解を加えたものである．
> 5. ある点 $x = X$ での y の値を指定すると，1階線形方程式の解がただ1つだけ必ず存在する．

> **準備**
>
> 1. 1階線形斉次方程式の解き方を復習する (4章)．

5.1　1階線形非斉次方程式とは

1階線形方程式
$$y' + p(x)y = q(x) \tag{5.1}$$
において，$q(x) \neq 0$ である方程式を **1階線形非斉次方程式**(または **1階線形非同次方程式**) という．また，$q(x)$ を **非斉次項** という．

5.2 定数変化法による解き方

非斉次方程式の一般解を対応する斉次方程式の解 y_h と未知関数 c の積とおいて解く方法を**定数変化法**という．この解法は，本章で扱う 1 階線形非斉次方程式だけではなく，特性方程式が 2 重解となる定係数 2 階線形斉次方程式を解く場合 (7.3 節参照)，2 階線形斉次方程式で 1 つの基本解 (6.3 節参照) からもう 1 つの基本解を求める場合 (8.4 節参照) や，2 階線形非斉次方程式を解く場合 (9.2 節参照) にも用いられる．

1 階線形斉次方程式

$$y' + p(x) y = 0 \tag{5.2}$$

の一般解は，4.2 節で求めたように，

$$y = C_0 \exp\left\{-\int p(x)\,\mathrm{d}x\right\} \tag{5.3}$$

で与えられる．式 (5.3) において，$y_h = \exp\left\{-\int p(x)\,\mathrm{d}x\right\}$ とおくとともに，任意定数 C_0 を x の未知関数 c とおき換え，

$$y = c y_h \tag{5.4}$$

として 1 階線形非斉次方程式 (5.1) を解く．y_h の関数形はわかっているので，未知関数 c が求まればよい．

2 つの関数 c と y_h が x の関数であることに注意すると，y の 1 階導関数は，

$$y' = c' y_h + c y_h' \tag{5.5}$$

となる．式 (5.4) と式 (5.5) を，式 (5.1) へ代入して整理する．

$$\begin{aligned}(c' y_h + c y_h') + p(x) c y_h &= q(x) \\ c' y_h + c \{y_h' + p(x) y_h\} &= q(x)\end{aligned}$$

ここで，y_h は 1 階線形斉次方程式 (5.2) の解であるので，左辺第 2 項の $y_h' + p(x) y_h = 0$ となる．よって，

$$c' y_h = q(x)$$

$$c' = \frac{q(x)}{y_h} = \frac{q(x)}{\exp\left\{-\int p(x)\,\mathrm{d}x\right\}} = q(x)\exp\left\{\int p(x)\,\mathrm{d}x\right\}$$

$$c = \int\left[q(x)\exp\left\{\int p(x)\,\mathrm{d}x\right\}\right]\mathrm{d}x + C$$

ここで，C は任意定数である．よって，一般解は

要点3
$$\begin{aligned}y &= cy_h = \left\{\int\left[q(x)\exp\left\{\int p(x)\,\mathrm{d}x\right\}\right]\mathrm{d}x + C\right\}\exp\left\{-\int p(x)\,\mathrm{d}x\right\} \\ &= \exp\left\{-\int p(x)\,\mathrm{d}x\right\}\int\left[q(x)\exp\left\{\int p(x)\,\mathrm{d}x\right\}\right]\mathrm{d}x \\ &\quad + C\exp\left\{-\int p(x)\,\mathrm{d}x\right\}\end{aligned} \tag{5.6}$$

となる．式 (5.1) は 1 階微分方程式であるので，その一般解 (5.6) は 1 つの任意定数 C を含む．式 (5.6) では積分演算をしていないので別の任意定数 C_0 を新たにつける必要はない．

要点4
ここで，非斉次方程式 (5.1) の一般解 (5.6) の右辺の第 2 項は対応する斉次方程式 (5.2) の一般解であり，また，第 1 項は非斉次方程式の特殊解である．一般に，非斉次方程式の一般解は，対応する斉次方程式の一般解に非斉次方程式の特殊解を加えたものである．

要点5
式 (5.6) において，ある点 $x = X$ での y の値を指定すると，C の値が一意に決まる．すなわち，非斉次方程式 (5.1) の解がただ 1 つだけ必ず存在する．

例題 5.1 $y' + xy = x$ を解く．

答 まず，導出手順を理解するため，式 (5.6) を直接使わずに解く．

対応する斉次方程式は $y' + xy = 0$ となり，**例題 4.1** の微分方程式 (4.4) であるので，その一般解は式 (4.5) の $y = C_0\exp\left(-\frac{1}{2}x^2\right)$ となる．$y_h = \exp\left(-\frac{1}{2}x^2\right)$ とし，任意定数 C_0 を未知関数 c とおき換え，$y = cy_h = c\exp\left(-\frac{1}{2}x^2\right)$ とおく．これを問題の非斉次方程式に代入すると，

$$y' + xy = \left\{c'\exp\left(-\frac{1}{2}x^2\right) - xc\exp\left(-\frac{1}{2}x^2\right)\right\} + x\left\{c\exp\left(-\frac{1}{2}x^2\right)\right\} = x$$

のように斉次方程式の解の部分

$$c(y_h' + xy_h) = c\left\{-x\exp\left(-\frac{1}{2}x^2\right) + x\exp\left(-\frac{1}{2}x^2\right)\right\} = 0 \text{ がキャンセルさ}$$

れる．

$$c' \exp\left(-\frac{1}{2}x^2\right) = x$$

$$c' = x \exp\left(\frac{1}{2}x^2\right)$$

$$c = \int x \exp\left(\frac{1}{2}x^2\right) \mathrm{d}x + C = \exp\left(\frac{1}{2}x^2\right) + C$$

$$y = \left\{\exp\left(\frac{1}{2}x^2\right) + C\right\} \exp\left(-\frac{1}{2}x^2\right) = 1 + C \exp\left(-\frac{1}{2}x^2\right)$$

一方，式 (5.6) をそのまま使うと，$p(x) = x$，$q(x) = x$ となる．よって，一般解は，

$$y = \exp\int(-x)\,\mathrm{d}x \int\left\{x\exp\left(\int x\mathrm{d}x\right)\right\}\mathrm{d}x + C\exp\int(-x)\,\mathrm{d}x$$

$$= \exp\left(-\frac{1}{2}x^2\right) \int\left\{x\exp\left(\frac{1}{2}x^2\right)\right\}\mathrm{d}x + C\exp\left(-\frac{1}{2}x^2\right)$$

$$= \exp\left(-\frac{1}{2}x^2\right) \exp\left(\frac{1}{2}x^2\right) + C\exp\left(-\frac{1}{2}x^2\right)$$

$$= 1 + C\exp\left(-\frac{1}{2}x^2\right)$$

と同じになる． ■

例題 5.2 $y' - Ay = x$ を解く．ただし，A は定数である (参照：**例題 10.1**)．
答 式 (5.6) において $p(x) = -A$，$q(x) = x$ の場合である．よって，一般解は，

$$y = \exp\left(\int A\mathrm{d}x\right) \int\left\{x\exp\left(-\int A\mathrm{d}x\right)\right\}\mathrm{d}x + C\exp\left(\int A\mathrm{d}x\right)$$

$$= \exp(Ax) \int\{x\exp(-Ax)\}\mathrm{d}x + C\exp(Ax)$$

$$= \exp(Ax)\left\{-\frac{x}{A}\exp(-Ax) + \int\frac{1}{A}\exp(-Ax)\,\mathrm{d}x\right\} + C\exp(Ax)$$

$$= \exp(Ax)\left\{-\frac{x}{A}\exp(-Ax) - \frac{1}{A^2}\exp(-Ax)\right\} + C\exp(Ax)$$

$$= -\frac{x}{A} - \frac{1}{A^2} + C\exp(Ax)$$

となる. ∎

例題 5.3　$y' - Ay = \exp(Bx)$ を解く. ただし, A, B は定数であるが, $A \neq B$ である (参照:**例題 10.2**).

答　式 (5.6) において $p(x) = -A$, $q(x) = \exp(Bx)$ の場合である. 一般解は,

$$y = \exp\left(\int A\,dx\right)\int\left\{\exp(Bx)\exp\left(-\int A\,dx\right)\right\}dx + C\exp\left(\int A\,dx\right)$$

$$= \exp(Ax)\int\{\exp(Bx)\exp(-Ax)\}\,dx + C\exp(Ax)$$

$$= \exp(Ax)\int[\exp\{(B-A)x\}]\,dx + C\exp(Ax)$$

$$= \exp(Ax)\left[\frac{1}{B-A}\exp\{(B-A)x\}\right] + C\exp(Ax)$$

$$= \frac{1}{B-A}\exp(Bx) + C\exp(Ax)$$

となる. ∎

例題 5.4　$y' - Ay = \exp(Ax)$ を解く (参照:**例題 10.3**).

答　この例は, **例題 5.3** において $A = B$ とした場合である. 式 (5.6) において $p(x) = -A$, $q(x) = \exp(Ax)$ である. よって, 一般解は,

$$y = \exp\left(\int A\,dx\right)\int\left\{\exp(Ax)\exp\left(-\int A\,dx\right)\right\}dx + C\exp\left(\int A\,dx\right)$$

$$= \exp(Ax)\int\{\exp(Ax)\exp(-Ax)\}\,dx + C\exp(Ax)$$

$$= \exp(Ax)\int dx + C\exp(Ax)$$

$$= x\exp(Ax) + C\exp(Ax)$$

上の一般解の第 1 項が特殊解に相当するが, その関数形は**例題 5.3** での $\dfrac{1}{B-A}\exp(Bx)$ と異なり, $x\exp(Ax)$ のように指数関数に x をかけた形になっていることに注意する. ∎

例題 5.5 $xy' - y = x$ を解く (参照：**例題 3.1**，**例題 12.2**)．

答 両辺を x で割ると，$y' - \dfrac{1}{x}y = 1$ となる．式 (5.6) において，$p(x) = -\dfrac{1}{x}$，$q(x) = 1$ の場合である．

$$
\begin{aligned}
y &= \exp\left(\int \frac{1}{x}\mathrm{d}x\right) \int \exp\left(-\int \frac{1}{x}\mathrm{d}x\right)\mathrm{d}x + C\exp\left(\int \frac{1}{x}\mathrm{d}x\right) \\
&= \exp(\log|x|) \int \exp(-\log|x|)\,\mathrm{d}x + C\exp(\log|x|) \\
&= x \int \frac{1}{x}\mathrm{d}x + Cx \\
&= x\log|x| + Cx
\end{aligned}
$$

なお，問題の微分方程式を変形すると $\dfrac{\mathrm{d}y}{\mathrm{d}x} = \dfrac{y}{x} + 1$ になり，**例題 3.1** の微分方程式と同じである． ■

展開

問題 5.1 次の 1 階線形非斉次方程式を解け．
(1) $y' + y = x + 1$ （参照：**問題 10.1**(1)）
(2) $y' + y = \exp x$ （参照：**問題 10.1**(3)）
(3) $y' + y = \exp(-x)$ （参照：**問題 10.1**(4)，**問題 12.1**(5)）
(4) $y' - y\exp x = \exp x$ (5) $y' - \dfrac{1}{x}y = x$
(6) $y' + \dfrac{x}{\sqrt{x^2+1}}y = x$ (7) $y' - \dfrac{2}{x}y = \log x$
(8) $y' - y\tan x = \sin x$ (9) $(1-x)y' - y = -x + \dfrac{1}{2}$
(10) $y' + y = y^A$ ただし，定数 $A \neq 0, 1$ である (ヒント:両辺を y^A で割り，$y^{1-A} = u$ とおいて解く．一般に，$y' + p(x)y = q(x)y^A$ の形に書き表せる微分方程式は同様な手順で解ける．この式を**ベルヌーイの微分方程式**という)．

確認事項 I

1章　微分方程式の基礎事項

- [ ] 微分方程式の階数の意味が理解できる
- [ ] 線形方程式と非線形方程式の違いが理解できる
- [ ] 斉次方程式と非斉次方程式の違いが理解できる
- [ ] 一般解と特殊解の違いが理解できる
- [ ] 初期条件，境界条件の意味が理解できる

2章　変数分離形

- [ ] 変数分離形の意味が理解できる
- [ ] 変数分離形の解き方を理解できる
- [ ] 1階微分方程式の一般解には1つの任意定数が含まれることを理解している
- [ ] $\dfrac{dy}{dx} = f(Ax + By + C)$ の形が解ける

3章　同次形

- [ ] 同次形の意味が理解できる
- [ ] 同次形の解き方が理解できる
- [ ] $\dfrac{dy}{dx} = f\left(\dfrac{Ax + By + C}{Dx + Ey + F}\right)$ の形が解ける

4章　1階線形斉次方程式

- [ ] 1階線形斉次方程式の意味が理解できる
- [ ] 1階線形斉次方程式の解き方が理解できる
- [ ] $f\left(x, \dfrac{dy}{dx}, \dfrac{d^2y}{dx^2}\right) = 0$ の形が解ける
- [ ] $f\left(y, \dfrac{dy}{dx}, \dfrac{d^2y}{dx^2}\right) = 0$ の形が解ける

5章　1階線形非斉次方程式

- [ ] 1階線形非斉次方程式の意味が理解できる
- [ ] 定数変化法による1階線形非斉次方程式の解き方が理解できる
- [ ] 非斉次方程式の一般解は，対応する斉次方程式の一般解と非斉次方程式の特殊解の和であることが理解できる
- [ ] 1階線形方程式の解がただ1つだけ必ず存在する条件が理解できる

II
線形微分方程式

　6章では，2階線形方程式の一般解が2つの基本解の1次結合で表されることを学びます．

　7章では，定係数の2階線形斉次方程式をその特性方程式の解を用いて解く方法を説明します．

　8章では，変数係数の2階線形斉次方程式を解く手順を示します．まず，基本解の1つはその関数形がべき関数あるいは指数関数であることから求め，次に，残りの1つの基本解は定数変化法で求めます．

　9章では，2階線形非斉次方程式が，1階の場合と同様に，斉次方程式の一般解に定数変化法を適用して解けることを学習します．

　10章では，定係数線形非斉次方程式の非斉次項の関数形から特殊解の関数形を仮定してその係数を求める未定係数法を解説します．

　11章では，定係数線形非斉次方程式を微分演算子を用いて表し，非斉次項に逆演算子をかけて解く演算子法を扱います．

6　2階線形方程式の解の構造

要点

1. 2階線形方程式 $y'' + p(x)y' + q(x)y = r(x)$ は，y，y' と y'' について1次方程式の形になっている．
2. ある点 $x = X$ での y と y' の値を指定すると，2階線形方程式の解がただ1つだけ必ず存在する．
3. 2つの関数 y_1，y_2 が2階線形斉次方程式の解であれば，これらの1次結合 $C_1 y_1 + C_2 y_2$ も解である．
4. y_1 と y_2 が1次独立である必要十分条件は x によらずロンスキアン $w(y_1, y_2) = y_1 y_2' - y_2 y_1' \neq 0$ である．
5. $y'' + p(x)y' + q(x)y = r_1(x)$ の特殊解が y_1 であり，$y'' + p(x)y' + q(x)y = r_2(x)$ の特殊解が y_2 であるとき，$y'' + p(x)y' + q(x)y = r_1(x) + r_2(x)$ の特殊解は $y_1 + y_2$ になる (重ね合わせの定理)．

準備

1. 2元連立1次方程式の解き方を復習する．

6.1　2階線形方程式とは

未知関数 y，その1階導関数 y'，その2階導関数 y'' について1次方程式になっている微分方程式

$$y'' + p(x)y' + q(x)y = r(x) \tag{6.1}$$

を **2階線形方程式** という．$p(x)$，$q(x)$，$r(x)$ はある区間上で連続であり，この区間上での解を考える．

5.2節の1階線形方程式と同様に，その区間内の任意の点 $x = X$ での y，y' の値を任意に指定すると，これらを満足する微分方程式 (6.1) の解がただ1つ

だけ必ず存在する (証明は省略する)．これを**解の一意性**という．

式 (6.1) において恒等的に $r(x) = 0$ である方程式

$$y'' + p(x)y' + q(x)y = 0 \tag{6.2}$$

を **2 階線形斉次方程式**(または **2 階線形同次方程式**)といい，その解法は 7 章および 8 章で扱う．また，式 (6.1) において $r(x) \neq 0$ であるものを **2 階線形非斉次方程式**(または **2 階線形非同次方程式**)といい，その解法は 9 章で扱う．

6.2　解の線形性

2 つの関数 y_1, y_2 が 2 階線形斉次方程式 (6.2) の解であれば，これらの **1 次結合** $C_1 y_1 + C_2 y_2$ も解であることを示す．ここで，C_1, C_2 は定数である．
y_1, y_2 が 2 階線形斉次方程式 (6.2) の解であるので，

$$y_1'' + p(x)y_1' + q(x)y_1 = 0 \tag{6.3}$$
$$y_2'' + p(x)y_2' + q(x)y_2 = 0 \tag{6.4}$$

が成り立つ．式 (6.3)×C_1 + 式 (6.4)×C_2 を計算すると，

$$(C_1 y_1 + C_2 y_2)'' + p(x)(C_1 y_1 + C_2 y_2)' + q(x)(C_1 y_1 + C_2 y_2) = 0$$

となり，これは $C_1 y_1 + C_2 y_2$ が解であることを示している．

6.3　関数の 1 次独立と 1 次従属

2 つの関数 y_1, y_2 が比例しないとき，すなわち定数 $C_1 = C_2 = 0$ のときだけ恒等的に $C_1 y_1 + C_2 y_2 = 0$ が成り立つとき，y_1 と y_2 は **1 次独立**であるという．

一方，y_1, y_2 が比例するとき，すなわち $C_1 = C_2 = 0$ 以外の定数 C_1, C_2 で恒等的に $C_1 y_1 + C_2 y_2 = 0$ が成り立つとき，y_1 と y_2 は **1 次従属**であるという．

x を変数とする 2 つの関数 y_1, y_2 について，

$$w(y_1, y_2) = \begin{vmatrix} y_1 & y_2 \\ y_1' & y_2' \end{vmatrix} = y_1 y_2' - y_2 y_1'$$

を，y_1 と y_2 の**ロンスキアン**(または**ロンスキー行列式**)という．

要点4 y_1, y_2 が2階線形斉次方程式 (6.2) の解であるとき, y_1, y_2 が1次独立である必要十分条件は x によらず $w(y_1, y_2) \neq 0$ であることを示す.

まず, $w(y_1, y_2) \neq 0$ のとき, y_1, y_2 が1次独立であることを示す.

$$C_1 y_1 + C_2 y_2 = 0 \tag{6.5}$$

の両辺を x で微分すると,

$$C_1 y_1' + C_2 y_2' = 0 \tag{6.6}$$

となる. 式 (6.5) と式 (6.6) を C_1, C_2 についての連立1次方程式とみなすと,

$$\begin{bmatrix} y_1 & y_2 \\ y_1' & y_2' \end{bmatrix} \begin{bmatrix} C_1 \\ C_2 \end{bmatrix} = \begin{bmatrix} 0 \\ 0 \end{bmatrix}$$

と書ける. $w(y_1, y_2) \neq 0$ より,

$$\begin{bmatrix} C_1 \\ C_2 \end{bmatrix} = \frac{1}{y_1 y_2' - y_2 y_1'} \begin{bmatrix} y_2' & -y_2 \\ -y_1' & y_1 \end{bmatrix} \begin{bmatrix} 0 \\ 0 \end{bmatrix}$$

$$= \frac{1}{w(y_1, y_2)} \begin{bmatrix} y_2' & -y_2 \\ -y_1' & y_1 \end{bmatrix} \begin{bmatrix} 0 \\ 0 \end{bmatrix} = \begin{bmatrix} 0 \\ 0 \end{bmatrix}$$

となる. よって, 式 (6.5) を満たす C_1, C_2 はともに 0 であるので, y_1, y_2 は1次独立である.

逆に, y_1, y_2 が1次独立であるとき $w(y_1, y_2) \neq 0$ であることを, その対偶である, (恒等的に) $w(y_1, y_2) = 0$ のとき y_1, y_2 が1次従属であることで示す (命題「○○であるならば△△である」の対偶は「△△でないならば○○でない」である. もとの命題とその対偶の真偽は必ず一致する).

$w(y_1, y_2) = 0$ より, ある点 $x = X$ で, 次の連立1次方程式は $\begin{bmatrix} C_1 \\ C_2 \end{bmatrix} \neq \begin{bmatrix} 0 \\ 0 \end{bmatrix}$ の解をもつ.

$$\begin{cases} C_1 y_1(X) + C_2 y_2(X) = 0 \\ C_1 y_1'(X) + C_2 y_2'(X) = 0 \end{cases}$$

この C_1, C_2 を用いて, y_1 と y_2 の1次結合 $z(x) = C_1 y_1(x) + C_2 y_2(x)$ を考

えると，6.2 節で説明したように z は斉次方程式 (6.2) の解であり，$x = X$ において，

$$z(X) = C_1 y_1(X) + C_2 y_2(X) = 0$$
$$z'(X) = C_1 y_1{}'(X) + C_2 y_2{}'(X) = 0$$

を満足する．一方，任意の x に対して 0 となる定数関数 $n(x)$ も 2 階線形斉次方程式 (6.2) の解であり，$x = X$ において $n(X) = 0$ と $n'(X) = 0$ となる．$z(x)$ と同じ初期条件を満足するので，解の一意性から $z(x) = n(x)$，すなわち

$$C_1 y_1(x) + C_2 y_2(x) = 0$$

となる．$\begin{bmatrix} C_1 \\ C_2 \end{bmatrix} \neq \begin{bmatrix} 0 \\ 0 \end{bmatrix}$ であるので，y_1 と y_2 は 1 次従属である．

斉次方程式 (6.2) の 2 つの解 y_1 と y_2 が 1 次独立であるとき，y_1，y_2 を斉次方程式 (6.2) の**基本解**という．

例題 6.1 2 つの関数 $y_1 = x$ と $y_2 = x^2$ は 1 次独立であることを示す．
答 $w(x, x^2) = x \cdot (x^2)' - x^2 \cdot x' = x \cdot 2x - x \cdot 1 = 2x^2 - x^2 = x^2 \neq 0$ となるので，1 次独立である． ∎

例題 6.2 2 つの関数 $y_1 = x$ と $y_2 = 2x$ は 1 次従属であることを示す．
答 $w(x, 2x) = x \cdot (2x)' - 2x \cdot x' = x \cdot 2 - 2x \cdot 1 = 2x - 2x = 0$ となるので，1 次従属である． ∎

6.4 非斉次方程式の一般解

線形非斉次方程式の一般解は対応する線形斉次方程式の一般解に線形非斉次方程式の特殊解を加えたものであることを 2 階線形方程式を例に示す．

2 階線形非斉次方程式 (6.1) の一般解を y，特殊解を y_s とすると，これらの解は式 (6.1) を満足するので，

$$y'' + p(x) y' + q(x) y = r(x)$$

$$y_s'' + p(x)y_s' + q(x)y_s = r(x)$$

となる．これら 2 つの式の両辺の差をとると，

$$(y - y_s)'' + p(x)(y - y_s)' + q(x)(y - y_s) = 0$$

となる．この式は 2 階線形斉次方程式 (6.2) であるので $y - y_s$ は解であり，2 階線形斉次方程式の一般解 $C_1 y_1 + C_2 y_2$ と等しくなる．これを y_h とおくと，

$$y = y_h + y_s = C_1 y_1 + C_2 y_2 + y_s$$

となり，2 階線形非斉次方程式の一般解は，対応する 2 階線形斉次方程式の一般解 y_h と 2 階線形非斉次方程式の特殊解 y_s の和になる．

逆に，2 階線形斉次方程式の一般解を y_h，2 階線形非斉次方程式の特殊解を y_s とすると，これらはそれぞれ以下の式を満足する．

$$y_h'' + p(x)y_h' + q(x)y_h = 0$$
$$y_s'' + p(x)y_s' + q(x)y_s = r(x)$$

これら 2 つの式の両辺の和をとると，

$$(y_h + y_s)'' + p(x)(y_h + y_s)' + q(x)(y_h + y_s) = r(x)$$

すなわち，$y_h + y_s$ は 2 階線形非斉次方程式の解であることがわかる．

なお，1 階線形非斉次方程式 $y' + p(x)y = q(x)$ についても同様に示すことができる．

6.5 解の重ね合わせの定理

要点5
2 階線形非斉次方程式 $y'' + p(x)y' + q(x)y = r_1(x)$ の特殊解を y_1 とし，$y'' + p(x)y' + q(x)y = r_2(x)$ の特殊解を y_2 とする．このとき，$y'' + p(x)y' + q(x)y = r_1(x) + r_2(x)$ の特殊解は $y_1 + y_2$ になる．これを**解の重ね合わせの定理**という．

y_1 と y_2 はそれぞれ以下の式を満足する．

$$y_1'' + p(x)y_1' + q(x)y_1 = r_1(x)$$

$$y_2'' + p(x)y_2' + q(x)y_2 = r_2(x)$$

これら 2 つの式の両辺の和をとると，

$$(y_1 + y_2)'' + p(x)(y_1 + y_2)' + q(x)(y_1 + y_2) = r_1(x) + r_2(x)$$

となる．すなわち，$y_1 + y_2$ は $y'' + p(x)y' + q(x)y = r_1(x) + r_2(x)$ の解である．

なお，1 階線形非斉次方程式 $y' + p(x)y = q(x)$ についても同様に示すことができる．

展開

問題 6.1 次の 2 つの関数 y_1, y_2 は 1 次独立か，1 次従属かを示せ．
(1) $y_1 = x$, $y_2 = \exp x$
(2) $y_1 = x + 1$, $y_2 = x - 1$
(3) $y_1 = \exp x$, $y_2 = \exp(-x)$
(4) $y_1 = \exp x$, $y_2 = \exp(x + A)$ （ただし，A は $A \neq 0$ の定数である）
(5) $y_1 = \cos x$, $y_2 = \sin x$

問題 6.2 1 階線形方程式において，非斉次方程式の一般解は斉次方程式の一般解に非斉次方程式の特殊解を加えたものであることを示せ．

問題 6.3 1 階線形非斉次方程式において解の重ね合わせの定理が成り立っていることを示せ．

問題 6.4 $y' + y = x + \exp x$ を解き，その特殊解が $y' + y = x$ の特殊解と $y' + y = \exp x$ の特殊解の和になっていることを示せ．

問題 6.5 1 階線形非斉次方程式の $y' + xy = x$ の一般解は，任意定数 C を用いて，$y = 1 + C\exp\left(-\dfrac{1}{2}x^2\right)$ で与えられる．この非斉次方程式に対応する斉次方程式の基本解と一般解をそれぞれ求めよ．

問題 6.6 2 階線形非斉次方程式の $y'' + \dfrac{x}{x+1}y' - \dfrac{1}{x+1}y = x + 1$ の一般解は，任意定数 C_1, C_2 を用いて，$y = x^2 - x + 1 + C_1 x + C_2 \exp(-x)$ で与えられる．この非斉次方程式に対応する斉次方程式の基本解と一般解をそれぞれ求めよ．

7 定係数2階線形斉次方程式

> **要点**
>
> 1. 定係数2階線形斉次方程式は，$y'' + Py' + Qy = 0$ のように2階線形斉次方程式 $y'' + p(x)y' + q(x)y = 0$ において $p(x)$ と $q(x)$ がそれぞれ定数 P と Q になっている．
> 2. 定係数2階線形斉次方程式の特性方程式は，$\lambda^2 + P\lambda + Q = 0$ である．
> 3. 特性方程式が2つの解 A_1 と A_2 をもつ場合，一般解は $y = C_1 \exp(A_1 x) + C_2 \exp(A_2 x)$ であり，2つの任意定数 C_1 と C_2 を含む．
> 4. 特性方程式が互いに共役な2つの解 $\lambda_1 = A + Bi$ と $\lambda_2 = A - Bi$ をもつ場合，一般解は $y = \exp(Ax)\{C_{1B}\cos(Bx) + C_{2B}\sin(Bx)\}$ である．
> 5. 特性方程式が2重解 A をもつ場合，一般解は $y = (C_1 x + C_2)\exp(Ax)$ である．

> **準備**
>
> 1. 2次方程式の解の公式および解の判別式を復習する．
> 2. 2次方程式の解と係数の関係を復習する．
> 3. 変数分離法 (2章) と定数変化法 (5章) を復習する．

7.1 定係数2階線形斉次方程式とは

要点1 2階線形斉次方程式 $y'' + p(x)y' + q(x)y = 0$ において係数 $p(x)$ と $q(x)$ がそれぞれ定数 P と Q となっている方程式

$$y'' + Py' + Qy = 0 \tag{7.1}$$

を**定係数2階線形斉次方程式**という．

要点2 また，式 (7.1) と同じ係数をもつ λ に関する2次方程式

$$\lambda^2 + P\lambda + Q = 0 \tag{7.2}$$

を微分方程式 (7.1) の**特性方程式**という．

7.2 特性方程式が異なる2つの解をもつ場合

特性方程式 (7.2) が 2 つの解 A_1 と A_2 をもつことから，

$$\lambda^2 + P\lambda + Q = (\lambda - A_1)(\lambda - A_2) = \lambda^2 - (A_1 + A_2)\lambda + A_1 A_2 = 0$$

となる．係数を比較することから，2 次方程式の解と係数の関係
$P = -(A_1 + A_2)$, $Q = A_1 A_2$ が得られる．よって，微分方程式 (7.1) は，

$$y'' - (A_1 + A_2) y' + A_1 A_2 y = 0 \tag{7.3}$$

となる．この微分方程式は，

$$(y' - A_2 y)' = A_1 (y' - A_2 y) \tag{7.4}$$

$$(y' - A_1 y)' = A_2 (y' - A_1 y) \tag{7.5}$$

の 2 通りに書き換えられる．

式 (7.4) は，$y' - A_2 y = u$ とおくと 1 次斉次方程式

$$u' = A_1 u \tag{7.6}$$

となる．この式は，$\dfrac{du}{dx} = A_1 u$ であるので，その一般解は**例題 2.1** で示したように $u = C_{10} \exp(A_1 x)$ となる．$u = y' - A_2 y$ であるので，

$$y' - A_2 y = C_{10} \exp(A_1 x) \tag{7.7}$$

が得られる．式 (7.5) も同様にして，

$$y' - A_1 y = C_{20} \exp(A_2 x) \tag{7.8}$$

が得られる．式 (7.7) の両辺から式 (7.8) の両辺をひき y' を消去して，$A_1 - A_2 (\neq 0)$ で割ると，

$$y = \frac{C_{10}}{A_1 - A_2} \exp(A_1 x) - \frac{C_{20}}{A_1 - A_2} \exp(A_2 x) = C_1 \exp(A_1 x) + C_2 \exp(A_2 x) \tag{7.9}$$

となる．式 (7.3) は 2 階微分方程式であるので，その一般解 (7.9) は 2 つの任意定数 C_1 と C_2 を含む．

要点4

なお，特性方程式 (7.2) の 2 つの解が互いに共役な解 $A_1 = A + Bi$ と $A_2 = A - Bi$ の場合，一般解 (7.9) は，

$$y = C_1 \exp\{(A+Bi)x\} + C_2 \exp\{(A-Bi)x\}$$
$$= \exp(Ax)\{C_1 \exp(Bix) + C_2 \exp(-Bix)\}$$
$$= \exp(Ax)\{C_{1B} \cos(Bx) + C_{2B} \sin(Bx)\} \tag{7.10}$$

となる．

例題 7.1 $y'' + y' - 2y = 0$ を解く．

答 特性方程式は $\lambda^2 + \lambda - 2 = 0$ となる．その解は $\lambda^2 + \lambda - 2 = (\lambda+2)(\lambda-1) = 0$ より，$A_1 = -2$ と $A_2 = 1$ の異なる 2 つの解になる．よって一般解は $y = C_1 \exp(-2x) + C_2 \exp x$ となる． ∎

例題 7.2 $y'' + B^2 y = 0$ を解く．ただし，B は定数である．ここで B^2 とおいているのは，求められた一般解の形が簡易になるためである．

答 特性方程式は $\lambda^2 + B^2 = 0$ となる．その解は $\lambda = \pm Bi$ となり，互いに共役な 2 つの解である．よって一般解は $y = C_1 \cos(Bx) + C_2 \sin(Bx)$ となる． ∎

例題 7.3 $y'' + y' + y = 0$ を解く．

答 特性方程式は $\lambda^2 + \lambda + 1 = 0$ となる．その解は $\lambda = -\dfrac{1}{2} \pm \dfrac{\sqrt{3}}{2}i$ となり，互いに共役な 2 つの解である．よって一般解は式 (7.10) に $A = -\dfrac{1}{2}$, $B = \dfrac{\sqrt{3}}{2}$ を代入すると，

$$y = \exp\left(-\frac{1}{2}x\right)\left\{C_1 \cos\left(\frac{\sqrt{3}}{2}x\right) + C_2 \sin\left(\frac{\sqrt{3}}{2}x\right)\right\}$$

となる． ∎

7.3 特性方程式が2重解をもつ場合

特性方程式 (7.2) が 2 重解 A をもつ場合には，式 (7.2) は，

$$\lambda^2 + P\lambda + Q = (\lambda - A)^2 = \lambda^2 - 2A\lambda + A^2 = 0$$

となる．係数を比較すると，2 次方程式の解と係数の関係 $P = -2A$, $Q = A^2$ が得られる．よって，微分方程式 (7.1) は，

$$y'' - 2Ay' + A^2 y = 0 \tag{7.11}$$

となる．この微分方程式は，

$$(y' - Ay)' = A(y' - Ay)$$

に書き換えられる．この式は，$y' - Ay = u$ とおくと 1 次斉次方程式 $u' = Au$ となる．この微分方程式の一般解は式 (7.6) と同じように解くと $u = C_1 \exp(Ax)$ となる．すなわち，

$$y' - Ay = C_1 \exp(Ax) \tag{7.12}$$

となる．この式は 1 次線形非斉次方程式であるので，6.2 節で説明したように定数変化法により以下のように解ける．

対応する斉次方程式は $y' - Ay = 0$，すなわち $y' = Ay$ であるので，この斉次方程式の一般解は $y = C_{10} \exp(Ax)$ となる．C_{10} を x の未知関数 c とおき換え，$y = c \exp(Ax)$ とおく．これを非斉次方程式 (7.12) に代入すると，

$$\left\{ \frac{dc}{dx} \exp(Ax) + cA \exp(Ax) \right\} - A\{c \exp(Ax)\} = C_1 \exp(Ax)$$

$$\frac{dc}{dx} \exp(Ax) = C_1 \exp(Ax)$$

$$\frac{dc}{dx} = C_1$$

$$c = C_1 x + C_2$$

となり，一般解は以下のようになる．

$$y = (C_1 x + C_2) \exp(Ax) \tag{7.13}$$

式 (7.11) は 2 階微分方程式であるので，その一般解 (7.13) は 2 つの任意定数

C_1 と C_2 を含む.

例題 7.4 $y'' - 2y' + y = 0$ を解く.

答 特性方程式は $\lambda^2 - 2\lambda + 1 = 0$ となる. その解は $\lambda^2 - 2\lambda + 1 = (\lambda - 1)^2 = 0$ より, $A = 1$ の 2 重解になる. よって一般解は $y = (C_1 x + C_2) \exp x$ となる. ■

展開

問題 7.1 次の定係数 2 階線形斉次方程式を特性方程式を利用して解け.
(1) $y'' - 3y' + 2y = 0$
(2) $y'' - y = 0$ (参照: **問題 12.1**(7))
(3) $y'' - y' = 0$ (参照: **問題 12.1**(6))
(4) $y'' - y' + 2y = 0$
(5) $y'' + 4y' + 4y = 0$

問題 7.2 式 (7.10) において, 定数 C_1, C_2 と C_{1B}, C_{2B} の関係を求めよ.

問題 7.3 2 つの関数 $y_1(x)$, $y_2(x)$ が定係数 2 階線形斉次方程式 (7.1) の解であり, $x = X$ における初期条件 $y(X) = Y$, $y'(X) = Z$ をともに満たすならば, $y_1(x) = y_2(x)$ であることを示す.

(1) $y_1(x)$, $y_2(x)$ が定係数 2 階線形斉次方程式 (7.1) の解であることから, $w = y_1 y_2' - y_2 y_1'$ とおき, w に関する 1 階線形斉次方程式を導け.

(2) (1) の w に関する微分方程式を $x = X$ における初期条件で解け.

(3) (2) の結果から $\dfrac{y_2}{y_1}$ に関する微分方程式を導け (ヒント: (2) の結果の両辺を y_1^2 で割る).

(4) (3) の $\dfrac{y_2}{y_1}$ に関する微分方程式を $x = X$ における初期条件で解き, $y_1(x) = y_2(x)$ であることを示せ.

8 変数係数2階線形斉次方程式

要点

1. 2階線形斉次方程式は，$y'' + p(x)y' + q(x)y = 0$ のように2階線形方程式 $y'' + p(x)y' + q(x)y = r(x)$ の右辺が恒等的に 0 $(r(x) = 0)$ になっている．
2. $m(m-1) + mxp(x) + x^2 q(x) = 0$ を満足する場合，基本解の関数形が $y = x^m$ となるので，この方程式を満足する m を求め，基本解を決定する．
3. $m^2 + mp(x) + q(x) = 0$ を満足する場合，基本解の関数形が $y = \exp(mx)$ となるので，この方程式を満足する m を求め，基本解を決定する．
4. 2階線形斉次方程式を解く手順は，まず基本解の1つ y_1 を求め，その後，定数変化法により一般解を求める．一般解は，
$y = C_2 y_1 \int \dfrac{1}{y_1^2} \exp\left\{ -\int p(x)\,dx \right\} dx + C_1 y_1$ となり，2つの任意定数 C_1 と C_2 を含む．

準備

1. 変数分離形の解き方 (2章) と定数変化法 (5章) を復習する．

8.1 2階線形斉次方程式を解く手順

2階線形斉次方程式

$$y'' + p(x)y' + q(x)y = 0 \tag{8.1}$$

は以下の手順で解くことができる．

1. 基本解の1つを求める．定係数の場合には特性方程式を用いて解けたが，

こちらには一般的な解法がない．基本解の関数形を $y = x^m$ あるいは $y = \exp(mx)$ と仮定して斉次方程式 (8.1) に代入し，解となる定数 m が決まるかを考える．
2. 1.で求めた基本解を用いて，2階線形斉次方程式を解く．こちらは，定数変化法により機械的に行える．

8.2 基本解の関数形が $y = x^m$ となる例

斉次方程式 (8.1) において $p(x)$ と $q(x)$ が，

$$m(m-1) + mxp(x) + x^2 q(x) = 0$$

を満足するとき，基本解の関数形は

$$y = x^m$$

となる．これは次のように確認できる．

$y = x^m$ とおくと，$y' = mx^{m-1}$，$y'' = m(m-1)x^{m-2}$ であるから，

$$y'' + p(x)y' + q(x)y = m(m-1)x^{m-2} + mx^{m-1}p(x) + x^m q(x)$$
$$= x^{m-2}\{m(m-1) + mxp(x) + x^2 q(x)\}$$

となるので，$m(m-1) + mxp(x) + x^2 q(x) = 0$ のとき，$y'' + p(x)y' + q(x)y = 0$ となる．

例題 8.1 $y'' + \dfrac{x}{x+1}y' - \dfrac{1}{x+1}y = 0$ の基本解を $y = x^m$ の関数形で求める．

答 $p(x) = \dfrac{x}{x+1}$，$q(x) = -\dfrac{1}{x+1}$ であるので，

$$m(m-1) + mxp(x) + x^2 q(x) = m(m-1) + mx\frac{x}{x+1} + x^2\left(-\frac{1}{x+1}\right)$$
$$= (m-1)\frac{m+x^2}{x+1}$$

となる．$m = 1$ のとき $m(m-1) + mxp(x) + x^2 q(x) = 0$ となるので，$y = x^1 = x$ が基本解となる． ∎

8.3 基本解の関数形が $y = \exp(mx)$ となる例

斉次方程式 (8.1) において $p(x)$ と $q(x)$ が，

$$m^2 + mp(x) + q(x) = 0$$

を満足するとき，基本解の関数形は

$$y = \exp(mx)$$

となる．これは次のように確認できる．
$y = \exp(mx)$ とおくと，$y' = m\exp(mx)$，$y'' = m^2\exp(mx)$ であるから，

$$y'' + p(x)y' + q(x)y = m^2\exp(mx) + mp(x)\exp(mx) + q(x)\exp(mx)$$
$$= \exp(mx)\{m^2 + mp(x) + q(x)\}$$

となるので，$m^2 + mp(x) + q(x) = 0$ のとき，$y'' + p(x)y' + q(x)y = 0$ となる．

例題 8.2 $y'' + \dfrac{x}{x+1}y' - \dfrac{1}{x+1}y = 0$ の基本解を $y = \exp(mx)$ の関数形で求める．

答 $p(x) = \dfrac{x}{x+1}$，$q(x) = -\dfrac{1}{x+1}$ であるので，

$$m^2 + mp(x) + q(x) = m^2 + m\frac{x}{x+1} - \frac{1}{x+1} = (m+1)\frac{mx+m-1}{x+1}$$

となる．$m = -1$ のとき $m^2 + mp(x) + q(x) = 0$ となるので，$y = \exp(-1x) = \exp(-x)$ が基本解となる．**例題 8.1** とは異なる基本解が得られた． ■

8.4 1つの基本解から2階線形斉次方程式を解く方法

8.2 節，8.3 節で述べたいずれかの方法により求められた1つの基本解 y_1 から2階線形斉次方程式を定数変化法で解く．

基本解 y_1 の係数を x の未知関数 c とおき換え，

$$y = cy_1 \tag{8.2}$$

として微分方程式 (8.1) を解く．y_1 の関数形はわかっているので，未知関数 c が求まればよい．

2 つの関数 c と y_1 がそれぞれ x の関数であることに注意すると，y の 1 階導関数と 2 階導関数はそれぞれ，

$$y' = c'y_1 + cy_1' \tag{8.3}$$
$$y'' = c''y_1 + 2c'y_1' + cy_1'' \tag{8.4}$$

となる．式 (8.2)〜(8.4) を式 (8.1) に代入して整理する．

$$(c''y_1 + 2c'y_1' + cy_1'') + (c'y_1 + cy_1')\,p(x) + cy_1 q(x) = 0$$

より，

$$c\{y_1'' + p(x)y_1' + q(x)y_1\} + \{c''y_1 + 2c'y_1' + c'y_1 p(x)\} = 0$$

となる．ここで，y_1 は 2 階線形斉次方程式 (8.1) の解であるので，左辺第 1 項は $y_1'' + p(x)y_1' + q(x)y_1 = 0$ となる．また，左辺第 2 項の中の各項を y_1 で割るとともに整理すると，

$$c'' + \left\{p(x) + 2\frac{1}{y_1}y_1'\right\} c' = 0$$

となる．この方程式は，$c' = v$ とおくことで，

$$v' + \left\{p(x) + 2\frac{1}{y_1}y_1'\right\} v = 0$$

となり，v に関する微分方程式とみなせる．この微分方程式は変数分離法で以下のように解ける．

$$\frac{1}{v}\frac{dv}{dx} = -\left\{p(x) + 2\frac{1}{y_1}\frac{dy_1}{dx}\right\}$$
$$\int \frac{1}{v}dv = -\int p(x)\,dx - 2\log|y_1| + C_{20}$$

ここで，$|y_1|^{-2} = y_1^{-2}$ であることに注意すると，

$$\log |v| = -\int p(x)\,dx + \log y_1^{-2} + C_{20}$$

$$|v| = \frac{\exp C_{20}}{y_1^2} \exp\left\{-\int p(x)\,dx\right\}$$

$$v = c' = \frac{C_2}{y_1^2} \exp\left\{-\int p(x)\,dx\right\}$$

となる．ただし，$C_2 = \pm \exp C_{20}$ である．この式を x で積分すると，

$$c = C_2 \int \frac{1}{y_1^2} \exp\left\{-\int p(x)\,dx\right\} dx + C_1$$

よって，一般解 y は，

$$y = cy_1 = C_2 y_1 \int \frac{1}{y_1^2} \exp\left\{-\int p(x)\,dx\right\} dx + C_1 y_1 \tag{8.5}$$

となる．

　式 (8.1) は 2 階微分方程式であるので，その一般解 $C_1 y_1 + C_2 y_2$ は 2 つの任意定数 C_1 と C_2 を含む．なお，y_1 とは異なるもう 1 つの基本解 y_2 は，式 (8.5) の第 1 項から，

$$y_2 = y_1 \int \frac{1}{y_1^2} \exp\left\{-\int p(x)\,dx\right\} dx \tag{8.6}$$

となる．

例題 8.3　$y'' + \dfrac{x}{x+1} y' - \dfrac{1}{x+1} y = 0$ を，その 1 つの基本解 $y_1 = x$ を用いて解く．

答　まず，導出手順を理解するため，式 (8.6) を直接使わずに解く．

　基本解 y_1 の係数を x の未知関数 c とおき換え $y = cx$ とおく．$y' = c'x + c$，$y'' = c''x + 2c'$ と一緒に微分方程式へ代入すると，

$$(c''x + 2c') + \frac{x}{x+1}(c'x + c) - \frac{1}{x+1} cx = 0$$

のように斉次方程式の基本解 y_1 の部分 $c\left(y_1'' + \dfrac{x}{x+1} y_1' - \dfrac{1}{x+1} y_1\right) = c\left(0 + \dfrac{x}{x+1} \cdot 1 - \dfrac{1}{x+1} x\right) = 0$ がキャンセルされる．

$$c''x + c'\left(2 + \frac{x^2}{x+1}\right) = c''x + c' \frac{x^2 + 2x + 2}{x+1} = 0$$

となるので，$c' = v$ とおくと $v'x + v\dfrac{x^2 + 2x + 2}{x + 1} = 0$ となる．この式は，

$$\frac{1}{v}v' = \frac{1}{v}\frac{\mathrm{d}v}{\mathrm{d}x} = -\frac{x^2 + 2x + 2}{x^2 + x} = -1 - \frac{x + 2}{x^2 + x} = -1 - \frac{2}{x} + \frac{1}{x + 1}$$

となる．両辺を x で積分すると，

$$\int \frac{1}{v}\mathrm{d}v = \int \left(-1 - \frac{2}{x} + \frac{1}{x + 1}\right)\mathrm{d}x + C_{20}$$

$$\log|v| = -x - 2\log|x| + \log|x + 1| + C_{20} = \log\left\{\frac{|x + 1|}{x^2}\exp(C_{20} - x)\right\}$$

$$c' = v = C_2\frac{x + 1}{x^2}\exp(-x)$$

となる．ここで，$C_2 = \pm\exp C_{20}$ である．上の式の両辺をさらに x で積分すると，

$$c = C_2\int \frac{x + 1}{x^2}\exp(-x)\,\mathrm{d}x + C_1 = -C_2\frac{\exp(-x)}{x} + C_1$$

となる．これは部分積分

$$\int \frac{1}{x}\exp(-x)\mathrm{d}x = -\frac{1}{x}\exp(-x) + \int \left(-\frac{1}{x^2}\right)\exp(-x)\mathrm{d}x$$

で右辺の第 2 項を左辺に移項することから導ける．よって，一般解は $y = cx = -C_2\exp(-x) + C_1 x$ となる．C_2 は符号を含んだ任意定数であるので，C_2 の前の符号は正でもよい．

一方，式 (8.6) をそのまま使うと，$p(x) = \dfrac{x}{x + 1}$ となるので，式 (8.6) よりもう 1 つの基本解 y_2 は，

$$y_2 = x\int \frac{1}{x^2}\exp\left(-\int \frac{x}{x + 1}\mathrm{d}x\right)\mathrm{d}x = x\int \frac{1}{x^2}\exp\{-x + \log|x + 1|\}\mathrm{d}x$$

$$= x\int \frac{x + 1}{x^2}\exp(-x)\mathrm{d}x = x\frac{-\exp(-x)}{x} = -\exp(-x)$$

となる．また，基本解を求めるときの積分演算では任意定数をつける必要はないことに注意する．よって，問題の微分方程式の一般解は，同様に $y = C_1 x - C_2\exp(-x)$ となる． ∎

展開

問題 8.1 $y'' + \dfrac{x}{x+1}y' - \dfrac{1}{x+1}y = 0$ を，その1つの基本解 $y_1 = \exp(-x)$ を用いて解け．

問題 8.2 次の2階線形方程式を要点4の手順で解け．

(1) $y'' = 0$ （参照：**問題 9.1**(5)）

(2) $y'' + \dfrac{2}{x}y' - \dfrac{2}{x^2}y = 0$ （参照：**問題 9.1**(6)）

(3) $y'' + \dfrac{1}{4x^2}y = 0$

(4) $y'' - \dfrac{1}{x}y' - \dfrac{x+1}{x}y = 0$ （参照：**問題 9.1**(7)）

(5) $y'' - \dfrac{2}{x}y' - 4\dfrac{x-1}{x}y = 0$

(6) $x^2 y'' - xy' + y = 0$ （参照：**問題 8.4**）

(7) $xy'' - (x+1)y' + y = 0$

問題 8.3 $y'' + 2xy' + x^2 y = 0$ を標準形に変形して解け（ヒント： $y'' + p(x)y' + q(x)y = 0$ の解を $y = u \exp\left\{-\dfrac{1}{2}\int p(x)\,\mathrm{d}x\right\}$ とおくと，u は $u'' + \left\{q(x) - \dfrac{1}{2}\dfrac{\mathrm{d}p(x)}{\mathrm{d}x} - \dfrac{1}{4}p(x)^2\right\}u = 0$ のように u' を含まない形の微分方程式を満たす．この形を**標準形**とよぶ．$q(x) - \dfrac{1}{2}\dfrac{\mathrm{d}p(x)}{\mathrm{d}x} - \dfrac{1}{4}p(x)^2$ が定数になれば，この微分方程式は簡単に解ける．参照：**問題 9.1**(2))．

問題 8.4 $x^2 y'' - xy' + y = 0$ を以下のヒントの手順で解け（ヒント： $x = \exp u$ とおいて解く．一般に，$x^2 y'' + Axy' + By = 0$（A，B は定数）の形に書き表せる微分方程式は同様な手順で解ける．この式を**オイラーの微分方程式**という．参照：**問題 8.2**(6))．

9　2階線形非斉次方程式

> **要点**
>
> 1. 2階線形非斉次方程式は，2階線形方程式 $y'' + p(x)y' + q(x)y = r(x)$ において非斉次項 $r(x) \neq 0$ になっている．
> 2. 2階線形非斉次方程式の一般解は，対応する斉次方程式の2つの基本解 y_1 と y_2 に対し，$y = -y_1 \int \dfrac{r(x)y_2}{w} dx + y_2 \int \dfrac{r(x)y_1}{w} dx + C_1 y_1 + C_2 y_2$ であり，2つの任意定数 C_1 と C_2 を含む．ここで，$w = \begin{vmatrix} y_1 & y_2 \\ y_1' & y_2' \end{vmatrix}$ である．

> **準備**
>
> 1. 2元連立1次方程式の解き方を復習する．
> 2. 定数変化法 (5章) による解き方を復習する．

9.1　2階線形非斉次方程式とは

2階線形方程式
$$y'' + p(x)y' + q(x)y = r(x) \tag{9.1}$$
において $r(x) \neq 0$ である方程式を **2階線形非斉次方程式**(または **2階線形非同次方程式**) という．また，$r(x)$ を **非斉次項** という．

9.2　定数変化法による解き方

2階線形斉次方程式
$$y'' + p(x)y' + q(x)y = 0 \tag{9.2}$$
の一般解は，2つの基本解 y_1 と y_2 を用いて，$y = C_{10} y_1 + C_{20} y_2$ で表される．

この式において，2つの任意定数 C_{10} と C_{20} を 2 つの x の未知関数 c_1 と c_2 でおき換え，

$$y = c_1 y_1 + c_2 y_2 \tag{9.3}$$

として 2 階線形非斉次方程式 (9.1) を解く．y_1 と y_2 の関数形はわかっているので，2 つの未知関数 c_1 と c_2 が求まればよい．そのために，c_1 と c_2 に関する 2 つの 1 次方程式を導出する．

4 つの関数 c_1, c_2, y_1, y_2 が x の関数であることに注意すると，y の 1 階導関数は，

$$y' = c_1' y_1 + c_1 y_1' + c_2' y_2 + c_2 y_2'$$

となる．ここで，以下の導出を簡単にするとともに，c_1 と c_2 に関する 1 次方程式の 1 つとして，

$$c_1' y_1 + c_2' y_2 = 0 \tag{9.4}$$

と与えて導出を進める．式 (9.3) の 1 階導関数は，

$$y' = c_1 y_1' + c_2 y_2' \tag{9.5}$$

となり，式 (9.3) の 2 階導関数は，

$$y'' = c_1 y_1'' + c_2 y_2'' + c_1' y_1' + c_2' y_2' \tag{9.6}$$

となる．式 (9.3)，(9.5)，(9.6) を式 (9.1) に代入して整理する．

$$(c_1 y_1'' + c_2 y_2'' + c_1' y_1' + c_2' y_2') + (c_1 y_1' + c_2 y_2') p(x) \\ + (c_1 y_1 + c_2 y_2) q(x) = r(x)$$

より，

$$c_1 \{y_1'' + p(x) y_1' + q(x) y_1\} + c_2 \{y_2'' + p(x) y_2' + q(x) y_2\} \\ + (c_1' y_1' + c_2' y_2') = r(x)$$

となる．ここで，y_1 と y_2 は対応する 2 階線形斉次方程式 (9.2) の解であるので，左辺第 1 項と左辺第 2 項は 0 となる．よって，

$$c_1' y_1' + c_2' y_2' = r(x) \tag{9.7}$$

となり，c_1 と c_2 に関する1次方程式がもう1つ得られる．式 (9.4) と式 (9.7) を連立させて $c_1{}'$ と $c_2{}'$ を解くと，

$$\begin{cases} c_1{}' = -\dfrac{r(x)\,y_2}{w} \\ c_2{}' = \dfrac{r(x)\,y_1}{w} \end{cases}$$

となる．それぞれを x で積分すると，

$$\begin{cases} c_1 = -\displaystyle\int \dfrac{r(x)\,y_2}{w}\mathrm{d}x + C_1 \\ c_2 = \displaystyle\int \dfrac{r(x)\,y_1}{w}\mathrm{d}x + C_2 \end{cases}$$

ここで，C_1 と C_2 は任意定数である．よって非斉次方程式の一般解は，

要点2

$$\begin{aligned} y = c_1 y_1 + c_2 y_2 &= \left\{ -\int \dfrac{r(x)\,y_2}{w}\mathrm{d}x + C_1 \right\} y_1 + \left\{ \int \dfrac{r(x)\,y_1}{w}\mathrm{d}x + C_2 \right\} y_2 \\ &= -y_1 \int \dfrac{r(x)\,y_2}{w}\mathrm{d}x + y_2 \int \dfrac{r(x)\,y_1}{w}\mathrm{d}x + C_1 y_1 + C_2 y_2 \end{aligned} \qquad (9.8)$$

となる．

式 (9.1) は2階微分方程式であるので，その一般解 (9.8) は2つの任意定数 C_1 と C_2 を含む．式 (9.8) の右辺の第1項と第2項は非斉次方程式の特殊解である．また，第3項と第4項は対応する斉次方程式 (9.2) の一般解である．

例題 9.1 $y'' + \dfrac{x}{x+1} y' - \dfrac{1}{x+1} y = x+1$ を解く．

答 対応する斉次方程式 $y'' + \dfrac{x}{x+1} y' - \dfrac{1}{x+1} y = 0$ の2つの基本解は**例題 8.3** で示したように $y_1 = x$ と $y_2 = \exp(-x)$ である．よって，ロンスキアン w は，

$$w = \begin{vmatrix} x & \exp(-x) \\ 1 & -\exp(-x) \end{vmatrix} = -x\exp(-x) - \exp(-x) = -(x+1)\exp(-x)$$

となる．また，$r(x) = x+1$ であるので，

$$\begin{aligned} -y_1 \int \dfrac{r(x)\,y_2}{w}\mathrm{d}x &= -x \int \dfrac{(x+1)\exp(-x)}{-(x+1)\exp(-x)}\mathrm{d}x = x \int \mathrm{d}x \\ &= x(x + C_1) = x^2 + C_1 x \\ y_2 \int \dfrac{r(x)\,y_1}{w}\mathrm{d}x &= \exp(-x) \int \dfrac{(x+1)\,x}{-(x+1)\exp(-x)}\mathrm{d}x \end{aligned}$$

$$
\begin{aligned}
&= -\exp(-x) \int x \exp x \, dx \\
&= -\exp(-x) \{(x-1)\exp x + C_2\} \\
&= -x + 1 - C_2 \exp(-x)
\end{aligned}
$$

よって，

$$
y = \left(x^2 + C_1 x\right) + \{-x + 1 - C_2 \exp(-x)\} = x^2 - x + 1 + C_1 x - C_2 \exp(-x)
$$

である．なお，C_2 は任意定数であるので C_2 の前の符号は正でもよく，x の係数はまとめて別の任意定数としてもよい．すなわち，$y = x^2 + 1 + C_{10} x + C_{20} \exp(-x)$ でもよい．ただし，$C_{10} = C_1 - 1$，$C_{20} = -C_2$ である． ■

例題 9.2 $y'' - (A_1 + A_2) y' + A_1 A_2 y = \exp(Bx)$ を解く．ただし，A_1，A_2，B は定数であるが，$A_1 \neq B$，$A_2 \neq B$，$A_1 \neq A_2$ である（参照：**例題 10.4**，**例題 11.3**）．

答 対応する斉次方程式 $y'' - (A_1 + A_2) y' + A_1 A_2 y = 0$ (式 (7.3)) の 2 つの基本解は式 (7.9) で示したように $y_1 = \exp(A_1 x)$，$y_2 = \exp(A_2 x)$ である．よって，ロンスキアン w は，

$$
\begin{aligned}
w &= \begin{vmatrix} \exp(A_1 x) & \exp(A_2 x) \\ A_1 \exp(A_1 x) & A_2 \exp(A_2 x) \end{vmatrix} \\
&= A_2 \exp\{(A_1 + A_2)x\} - A_1 \exp\{(A_1 + A_2)x\} \\
&= (A_2 - A_1) \exp\{(A_1 + A_2)x\}
\end{aligned}
$$

となる．また，$r(x) = \exp(Bx)$ であるので，

$$
\begin{aligned}
-y_1 \int \frac{r(x) y_2}{w} dx &= -\exp(A_1 x) \int \frac{\exp(Bx)\exp(A_2 x)}{(A_2 - A_1)\exp\{(A_1 + A_2)x\}} dx \\
&= -\frac{\exp(A_1 x)}{A_2 - A_1} \int \exp\{(B - A_1)x\} dx \\
&= -\frac{\exp(A_1 x)}{A_2 - A_1} \left[\frac{\exp\{(B - A_1)x\}}{B - A_1} + C_{10}\right] \\
&= -\frac{\exp(Bx)}{(A_2 - A_1)(B - A_1)} - \frac{C_{10} \exp(A_1 x)}{A_2 - A_1}
\end{aligned}
$$

$$y_2 \int \frac{r(x)y_1}{w} dx = \exp(A_2 x) \int \frac{\exp(Bx)\exp(A_1 x)}{(A_2 - A_1)\exp\{(A_1 + A_2)x\}} dx$$
$$= \frac{\exp(Bx)}{(A_2 - A_1)(B - A_2)} + \frac{C_{20}\exp(A_2 x)}{A_2 - A_1}$$

したがって，一般解は，

$$y = \left\{ -\frac{\exp(Bx)}{(A_2 - A_1)(B - A_1)} - \frac{C_{10}\exp(A_1 x)}{A_2 - A_1} \right\}$$
$$+ \left\{ \frac{\exp(Bx)}{(A_2 - A_1)(B - A_2)} + \frac{C_{20}\exp(A_2 x)}{A_2 - A_1} \right\}$$
$$= \frac{\{-(B - A_2) + (B - A_1)\}}{(A_2 - A_1)(B - A_1)(B - A_2)}\exp(Bx) - \frac{C_{10}\exp(A_1 x)}{A_2 - A_1} + \frac{C_{20}\exp(A_2 x)}{A_2 - A_1}$$
$$= \frac{1}{(B - A_1)(B - A_2)}\exp(Bx) + C_1\exp(A_1 x) + C_2\exp(A_2 x)$$

となる．なお，$C_1 = -\dfrac{C_{10}}{A_2 - A_1}$，$C_2 = \dfrac{C_{20}}{A_2 - A_1}$ とおいた． ■

例題 9.3 $y'' - (A_1 + A_2)y' + A_1 A_2 y = \exp(A_1 x)$ を解く．ただし，A_1, A_2 は定数であるが，$A_1 \neq A_2$ である (参照：**例題 10.5**)．

答 この例は，**例題 9.2** において，非斉次項の指数関数の引数の係数 A_1 が特性方程式の解の 1 つに等しい場合である．

ロンスキアン w は，**例題 9.2** と同じく，$w = (A_2 - A_1)\exp\{(A_1 + A_2)x\}$ である．また，$r(x) = \exp(A_1 x)$ であるので，

$$-y_1 \int \frac{r(x)y_2}{w} dx = -\exp(A_1 x)\int \frac{\exp(A_1 x)\exp(A_2 x)}{(A_2 - A_1)\exp\{(A_1 + A_2)x\}} dx$$
$$= -\frac{\exp(A_1 x)}{A_2 - A_1}\int dx = -\frac{\exp(A_1 x)}{A_2 - A_1}(x + C_{10})$$
$$= -\frac{x\exp(A_1 x)}{A_2 - A_1} - \frac{C_{10}\exp(A_1 x)}{A_2 - A_1}$$
$$y_2 \int \frac{r(x)y_1}{w} dx = \exp(A_2 x)\int \frac{\exp(A_1 x)\exp(A_1 x)}{(A_2 - A_1)\exp\{(A_1 + A_2)x\}} dx$$
$$= \frac{\exp(A_2 x)}{A_2 - A_1}\int \exp\{(A_1 - A_2)x\} dx$$
$$= \frac{\exp(A_2 x)}{A_2 - A_1}\left[\frac{\exp\{(A_1 - A_2)x\}}{A_1 - A_2} + C_{20}\right]$$

$$= -\frac{\exp(A_1 x)}{(A_2 - A_1)^2} + \frac{C_{20} \exp(A_2 x)}{A_2 - A_1}$$

したがって，一般解は，

$$y = \left\{ -\frac{x \exp(A_1 x)}{A_2 - A_1} - \frac{C_{10} \exp(A_1 x)}{A_2 - A_1} \right\} + \left\{ -\frac{\exp(A_1 x)}{(A_2 - A_1)^2} + \frac{C_{20} \exp(A_2 x)}{A_2 - A_1} \right\}$$
$$= \frac{1}{A_1 - A_2} x \exp(A_1 x) + C_1 \exp(A_1 x) + C_2 \exp(A_2 x)$$

となる．なお，$C_1 = -\dfrac{C_{10}}{A_2 - A_1} - \dfrac{1}{(A_2 - A_1)^2}$，$C_2 = \dfrac{C_{20}}{A_2 - A_1}$ とおいた．

一般解の第 1 項が特殊解に相当するが，その関数形は **例題 9.2** での $\dfrac{1}{(B - A_1)(B - A_2)} \exp(Bx)$ と異なり，$\dfrac{1}{A_1 - A_2} x \exp(A_1 x)$ のように指数関数に x をかけた形になっていることに注意する． ∎

展開

> **問題 9.1** 次の 2 階線形非斉次方程式を解け．
> (1) $y'' + y' - 2y = x^2 + x + 1$ （参照：**問題 10.1**(5)）
> (2) $y'' + y' - 2y = \exp(-x)$ （参照：**問題 10.1**(8)）
> (3) $y'' - 2y' + y = \exp(-x)$ （参照：**問題 10.1**(9)）
> (4) $y'' - 2y' + y = \exp x$ （参照：**問題 10.1**(10)）
> (5) $y'' = -x \exp x$ （参照：**問題 8.2**(1)）
> (6) $y'' + \dfrac{2}{x} y' - \dfrac{2}{x^2} y = x$ （参照：**問題 8.2**(2)）
> (7) $y'' - \dfrac{1}{x} y' - \dfrac{x+1}{x} y = x$ （参照：**問題 8.2**(4)）
> (8) $x^2 y'' - xy' + y = x^2$ （参照：**問題 8.2**(6)）
> (9) $xy'' - (x+1)y' + y = x^2$ （参照：**問題 8.2**(7)）
>
> **問題 9.2** $y'' + 2xy' + x^2 y = \exp\left(-\dfrac{1}{2} x^2\right)$ を **問題 8.3** と同様に標準形へ変形して解け．

10 未定係数法

> **要点**
>
> 1. 未定係数法は，定係数線形非斉次方程式の特殊解の関数形を非斉次項の関数形に応じて仮定し，それを非斉次方程式に代入して関数の係数を比較して求める解法である．

> **準備**
>
> 1. 方程式の両辺で関数の係数を比較する方法を復習する．たとえば $(A+B)x + (A-B) = x$ で A, B を求める．

10.1 未定係数法とは

定係数線形非斉次方程式の特殊解の関数形を非斉次項の関数形に応じて仮定し，それを非斉次方程式に代入して関数の係数を比較して求める方法を**未定係数法**(あるいは**代入法**) という．

一般に，定係数線形非斉次方程式において非斉次項の関数形が以下の例で示す多項式や指数関数の場合，未定係数法で求める手順の方が，5.2 節や 9.2 節で説明した定数変化法よりも簡単に求められる．

10.2 定係数 1 階線形非斉次方程式

例題 10.1

$$y' + y = x \tag{10.1}$$

の特殊解を求める (参照：**例題 5.2**，**例題 11.2**)．

答 微分方程式 (10.1) の一般解は，**例題 5.2** で $A = -1$ とした場合であり，

$$y = (x-1) + C\exp(-x)$$

となる．非斉次方程式の特殊解に相当する第 1 項 $x-1$ は，非斉次項 x と同じ 1 次関数である．一般に，非斉次項が m 次の多項式のとき，多くの場合，非斉次方程式の特殊解も m 次の多項式となる．

非斉次方程式 (10.1) の特殊解を 1 次関数 $y_s = Ax + B$ とおいて求めることを考える．ここで，A と B は定数である．2 つの定数 A と B に関する 1 次方程式 2 つを導ければ，それらを連立して A と B を求められる．y_s および $y_s' = A$ を式 (10.1) へ代入して，

$$y_s' + y_s = A + (Ax + B)$$
$$Ax + (A + B) = x$$

となる．x の各べき係数を比較すると，A と B に関する 2 つの 1 次方程式

$$A = 1, \quad A + B = 0$$

が得られる．これらを連立して解くと $A = 1, B = -1$ となる．すなわち，非斉次方程式 (10.1) の特殊解は $y_s = Ax + B = x - 1$ となり，同じ答が得られる．
■

例題 10.2

$$y' - Ay = \exp(Bx) \tag{10.2}$$

の特殊解を求める．ただし，A, B は定数であるが，$A \neq B$ である (参照：**例題 5.3**)．

答 一般解は，**例題 5.3** で示したように，

$$y = \frac{1}{B - A} \exp(Bx) + C \exp(Ax) \tag{10.3}$$

となる．非斉次方程式の特殊解に相当する第 1 項は，非斉次項 $\exp(Bx)$ と同じ引数をもつ指数関数であることがわかる．

特殊解を指数関数 $y_s = D \exp(Bx)$ とおいて求めることを考える．ここで，D は定数である．y_s および $y_s' = BD \exp(Bx)$ を式 (10.2) へ代入して，

$$BD \exp(Bx) - AD \exp(Bx) = \exp(Bx)$$

$$(B - A) D \exp(Bx) = \exp(Bx)$$

となる．指数関数 $\exp(Bx)$ の係数を比較すると，$(B - A)D = 1$ より，$D = \dfrac{1}{B - A}$ となる．すなわち，非斉次方程式 (10.2) の特殊解は $y_s = \dfrac{1}{B - A} \exp(Bx)$ となり，同じ答が得られる．　　■

例題 10.3

$$y' - Ay = \exp(Ax) \tag{10.4}$$

の特殊解を求める．ただし，A は定数である（参照：**例題 5.4**）．

答　この例は，**例題 10.2** において $A = B$ とした場合である．一般解は，**例題 5.4** で示したように，

$$y = x \exp(Ax) + C \exp(Ax) \tag{10.5}$$

となる．第 2 項は対応する斉次方程式 $y' - Ay = 0$ の一般解であるが，その指数関数の引数 Ax が，微分方程式 (10.4) の非斉次項の指数関数の引数 Ax と同じ場合には，式 (10.5) の第 1 項である特殊解の関数形 $x \exp(Ax)$ は，**例題 10.2** の式 (10.3) の指数関数 $\exp(Bx)$ と異なることに注意する．

第 1 項は非斉次方程式の特殊解に相当するが，$x \exp(Ax)$ の関数形となっている．特殊解を関数 $y_s = Dx \exp(Ax)$ とおいて求めることを考える．ここで，D は定数である．y_s および $y_s' = (Ax + 1) D \exp(Ax)$ を式 (10.4) へ代入して，

$$(Ax + 1) D \exp(Ax) - AxD \exp(Ax) = \exp(Ax)$$
$$D \exp(Ax) = \exp(Ax)$$

となり，指数関数 $\exp(Ax)$ の係数を比較すると，$D = 1$ となる．すなわち，特殊解は $y_s = x \exp(Ax)$ となり，同じ答が得られる．　　■

定係数 1 階線形非斉次方程式 $y' + Py = q(x)$ における非斉次項 $q(x)$ の関数形に対する特殊解の関数形の例を次にまとめる．

表 10.1　定係数 1 階線形非斉次方程式の特殊解の関数形

定係数 P	非斉次項 $q(x)$ の関数形	基本解	特殊解の関数形
$P \neq 0$	$\sum_{n=0}^{N} A_n x^n$	$\exp(-Px)$	$\sum_{n=0}^{N} B_n x^n$
$P = 0$	$\sum_{n=0}^{N} A_n x^n$	$\exp(-Px)$	$\sum_{n=0}^{N} B_n x^{n+1}$
$P = -A$	$\exp(Bx)$	$\exp(Ax)$	$\exp(Bx)$
$P = -A$	$\exp(Ax)$	$\exp(Ax)$	$x\exp(Ax)$

10.3　定係数 2 階線形非斉次方程式

例題 10.4

$$y'' - (A_1 + A_2)y' + A_1 A_2 y = \exp(Bx) \tag{10.6}$$

の特殊解を求める．ただし，A_1, A_2, B は定数であるが，$A_1 \neq B$, $A_2 \neq B$, $A_1 \neq A_2$ である (参照：**例題 9.2**)．

答　一般解は**例題 9.2** で示したように

$$y = \frac{\exp(Bx)}{(B - A_1)(B - A_2)} + C_1 \exp(A_1 x) + C_2 \exp(A_2 x)$$

となる．非斉次方程式の特殊解に相当する第 1 項は，非斉次項 $\exp(Bx)$ と同じ引数をもつ指数関数であることがわかる．

例題 10.2 と同様に，特殊解を指数関数 $y_s = D\exp(Bx)$ とおいて求めることを考える．ここで，D は定数である．y_s および $y_s' = BD\exp(Bx)$, $y_s'' = B^2 D\exp(Bx)$ を式 (10.6) へ代入して，

$$B^2 D\exp(Bx) - (A_1 + A_2)BD\exp(Bx) + A_1 A_2 D\exp(Bx)$$
$$= \left\{B^2 - (A_1 + A_2)B + A_1 A_2\right\} D\exp(Bx)$$
$$= (B - A_1)(B - A_2)D\exp(Bx) = \exp(Bx)$$

となる．指数関数 $\exp(Bx)$ の係数を比較すると，$(B - A_1)(B - A_2)D = 1$ より $D = \dfrac{1}{(B - A_1)(B - A_2)}$ となる．すなわち，特殊解は $y_s = \dfrac{\exp(Bx)}{(B - A_1)(B - A_2)}$ となり，同じ答が得られる．　∎

例題 10.5

$$y'' - (A_1 + A_2) y' + A_1 A_2 y = \exp(A_1 x) \tag{10.7}$$

の特殊解を求める．ただし，A_1, A_2 は定数であるが，$A_1 \neq A_2$ である (参照：**例題 9.3**)．

答 この例は，**例題 10.4** において，非斉次項の指数関数の引数の係数 A_1 が特性方程式の解の 1 つに等しい場合である．

一般解は，**例題 9.3** にあるように，

$$y = \frac{1}{A_1 - A_2} x \exp(A_1 x) + C_1 \exp(A_1 x) + C_2 \exp(A_2 x)$$

となる．非斉次方程式の特殊解に相当する第 1 項は，$x \exp(A_1 x)$ の関数形であることがわかる．これは，**例題 10.3** に示した定係数 1 階非斉次方程式の場合と同様である．

非斉次方程式 (10.7) の特殊解を指数関数 $y_s = D x \exp(A_1 x)$ とおいて求めることを考える．ここで，D は定数である．

$y'_s = (A_1 D x + D) \exp(A_1 x)$
$y''_s = \{A_1 D + A_1 (A_1 D x + D)\} D \exp(A_1 x) = (A_1^2 D x + 2 A_1 D) \exp(A_1 x)$

を y_s と一緒に式 (10.7) へ代入して，

$$\left(A_1^2 D x + 2 A_1 D\right) \exp(A_1 x) - (A_1 + A_2)(A_1 D x + D) \exp(A_1 x)$$
$$+ A_1 A_2 D x \exp(A_1 x)$$
$$= (A_1 - A_2) D \exp(A_1 x) = \exp(A_1 x)$$

となる．指数関数 $\exp(A_1 x)$ の係数を比較すると，$(A_1 - A_2) D = 1$ より $D = \dfrac{1}{A_1 - A_2}$ となる．すなわち，特殊解は $y_s = \dfrac{x \exp(A_1 x)}{A_1 - A_2}$ となり，同じ答が得られる．■

定係数 2 階線形非斉次方程式 $y'' + Py' + Qy = r(x)$ における非斉次項 $r(x)$ の関数形に対する特殊解の関数形の例を次にまとめる．

表 10.2　定係数 2 階線形斉次方程式の特殊解の関数形（非斉次項が多項式）

定係数	非斉次項 $r(x)$ の関数形	特殊解の関数形
$Q \neq 0$	$\sum_{n=0}^{N} A_n x^n$	$\sum_{n=0}^{N} B_n x^n$
$P \neq 0, Q = 0$	$\sum_{n=0}^{N} A_n x^n$	$\sum_{n=0}^{N} B_n x^{n+1}$
$P = Q = 0$	$\sum_{n=0}^{N} A_n x^n$	$\sum_{n=0}^{N} B_n x^{n+2}$

表 10.3　定係数 2 階線形非斉次方程式の特殊解の関数形（非斉次項が指数関数）

非斉次項 $r(x)$ の関数形	基本解	特殊解の関数形
$\exp(Bx)$	$\exp(A_1 x),\ \exp(A_2 x)$	$\exp(Bx)$
$\exp(A_1 x)$	$\exp(A_1 x),\ \exp(A_2 x)$	$x \exp(A_1 x)$
$\exp(Bx)$	$x \exp(Ax),\ \exp(Ax)$	$\exp(Bx)$
$\exp(Ax)$	$x \exp(Ax),\ \exp(Ax)$	$x^2 \exp(Ax)$

展開

問題 10.1 次の定係数線形非斉次方程式の特殊解を未定係数法で求めよ．

(1) $y' + y = x + 1$　（参照：**問題** 5.1(1)）

(2) $y' = x + 1$

(3) $y' + y = \exp x$　（参照：**問題** 5.1(2)）

(4) $y' + y = \exp(-x)$　（参照：**問題** 5.1(3)，**問題** 12.1(5)）

(5) $y'' + y' - 2y = x^2 + x + 1$　（参照：**問題** 9.1(1)）

(6) $y'' + y' = x^2 + x + 1$

(7) $y'' = x^2 + x + 1$

(8) $y'' + y' - 2y = \exp(-x)$　（参照：**問題** 9.1(2)）

(9) $y'' - 2y' + y = \exp(-x)$　（参照：**問題** 9.1(3)）

(10) $y'' - 2y' + y = \exp x$　（参照：**問題** 9.1(4)）

11 演算子法

要点

1. 独立変数 x について微分する演算 $\dfrac{\mathrm{d}}{\mathrm{d}x}$ を微分演算子といい，$\vec{D}$ で表す．
2. 微分方程式を解くことは，非斉次項に逆演算子を作用させることである．
3. 定係数 1 階線形方程式 $y' - Py = q(x)$ の解は，$y = \dfrac{1}{\vec{D} - P} q(x) = \exp(Px) \displaystyle\int \exp(-Px) q(x) \, \mathrm{d}x$ となる．
4. 定係数 2 階線形方程式 $y'' + Py' + Qy = r(x)$ の解は，特性方程式 $\lambda^2 + P\lambda + Q = 0$ の解を A_1, A_2 としたとき，$y = \dfrac{1}{\vec{D} - A_2} \dfrac{1}{\vec{D} - A_1} r(x)$ で求められる．
5. 4.において非斉次項 $r(x)$ が指数関数 $\exp(Ax)$ で与えられる場合，特殊解は $y_s = \dfrac{1}{l(A)} \exp(Ax)$ で求められる．ただし，$l(A) = A^2 + PA + Q (\neq 0)$ である．

準備

1. 線形微分方程式での線形性を復習する (6 章)．

11.1 演算子

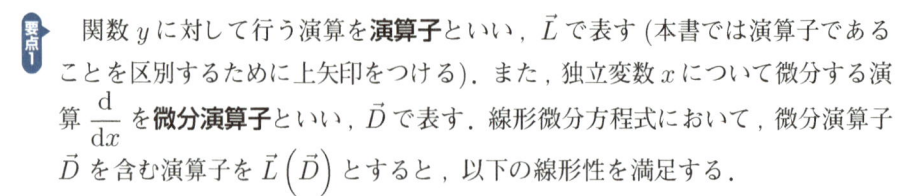

関数 y に対して行う演算を**演算子**といい，$\vec{L}$ で表す (本書では演算子であることを区別するために上矢印をつける)．また，独立変数 x について微分する演算 $\dfrac{\mathrm{d}}{\mathrm{d}x}$ を**微分演算子**といい，$\vec{D}$ で表す．線形微分方程式において，微分演算子 $\vec{D}$ を含む演算子を $\vec{L}\left(\vec{D}\right)$ とすると，以下の線形性を満足する．

$$\vec{L}(A_1 y_1 + A_2 y_2) = A_1 \vec{L}(y_1) + A_2 \vec{L}(y_2)$$

ここで，A_1 と A_2 は任意の定数，y_1 と y_2 は任意の関数を表す．また，2 つの演算子 $\vec{L}_1$ と $\vec{L}_2$ の積を $\vec{L}_1 \vec{L}_2$ で表す．任意の関数 y に対して $\vec{L}_1 \vec{L}_2 y = \vec{L}_1 \left(\vec{L}_2 y \right)$

のように，まず $\vec{L}_2$ を演算してから次に $\vec{L}_1$ を演算する．また，演算子の積については $\vec{L}_1\vec{L}_2 = \vec{L}_2\vec{L}_1$ のように交換法則が成立する．

関数 y に演算子 $\vec{L}$ を作用させて関数 $z\left(=\vec{L}y\right)$ が得られるとき，逆に関数 z から関数 y を得る演算子を**逆演算子**といい，$\vec{L}^{-1}$ または $\dfrac{1}{\vec{L}}$ で表す．すなわち，

$$y = \vec{L}^{-1}z = \dfrac{1}{\vec{L}}z$$

となる．また，$\vec{L}_1\vec{L}_2$ の逆演算子は $\left(\vec{L}_1\vec{L}_2\right)^{-1} = \vec{L}_2^{-1}\vec{L}_1^{-1}$ となる．両辺で添え字の順番が反対になっていることに注意する．このように演算子の計算は行列の計算に似ている．なお，微分演算子の逆演算 $\vec{D}^{-1}$ は積分演算を表す．

11.2　定係数1階線形方程式への適用

定係数1階線形方程式

$$y' - Py = q(x) \tag{11.1}$$

に微分演算子を適用する．ここで，定係数 P の前の符号が負になっていることに注意する．式 (11.1) は

$$y' - Py = \dfrac{\mathrm{d}}{\mathrm{d}x}y - Py = \left(\dfrac{\mathrm{d}}{\mathrm{d}x} - P\right)y = \left(\vec{D} - P\right)y = q(x)$$

と変形できる．微分方程式 (11.1) を解いて関数 y を求めることは，

$$y = \left(\vec{D} - P\right)^{-1} q(x) = \dfrac{1}{\vec{D} - P}q(x) \tag{11.2}$$

のように非斉次項 $q(x)$ に逆演算子 $\left(\vec{D} - P\right)^{-1}$ を作用させることになる．

微分方程式 (11.1) は，両辺に $\exp(-Px)$ をかけたあと，以下の手順で解ける．

$$\begin{aligned}
\dfrac{\mathrm{d}y}{\mathrm{d}x}\exp(-Px) - P\exp(-Px)y &= \exp(-Px)q(x) \\
\dfrac{\mathrm{d}}{\mathrm{d}x}\{\exp(-Px)y\} &= \exp(-Px)q(x) \\
\exp(-Px)y &= \int \exp(-Px)q(x)\,\mathrm{d}x \\
y &= \exp(Px)\int \exp(-Px)q(x)\,\mathrm{d}x
\end{aligned}$$

となる．式 (11.2) と比較することで，

$$y = \frac{1}{\vec{D} - P} q(x) = \exp(Px) \int \exp(-Px) q(x) \, dx \qquad (11.3)$$

となる．

例題 11.1 $y' - Py = 0$ を解く．(参照：**例題 4.2**)
答 微分方程式 (11.1) において，$q(x) = 0$ とおける．よって，式 (11.3) は，

$$y = \exp(Px) \int \exp(-Px) 0 \, dx = \exp(Px) \int 0 \, dx = C \exp(Px)$$

となり，**例題 4.2** の答と同じである．ここで，C は任意定数である．$\int 0 \, dx$ は，数値 0 を積分しているのではなく，微分すると 0 となる演算の逆演算としての積分を表しており $\int 0 \, dx = C$ となる． ∎

例題 11.2 $y' + y = x$ を解く (参照：**例題 10.1**)．
答 微分方程式 (11.1) において，$P = -1$，$q(x) = x$ とおける．よって，式 (11.3) は，

$$\begin{aligned} y &= \frac{1}{\vec{D} + 1} x = \exp(-x) \int x \exp x \, dx = \exp(-x) \left(x \exp x - \int \exp x \, dx + C \right) \\ &= \exp(-x)(x \exp x - \exp x + C) = x - 1 + C \exp(-x) \end{aligned}$$

となり，**例題 10.1** と同じ答が得られる． ∎

11.3 定係数 2 階線形方程式への適用

定係数 2 階線形方程式

$$y'' + Py' + Qy = r(x) \qquad (11.4)$$

に適用する．左辺は微分演算子 $\vec{D}$ を用いて次のように表せる．

$$\begin{aligned} y'' + Py' + Qy &= \frac{d^2 y}{dx^2} + P \frac{dy}{dx} + Qy = \frac{d}{dx}\left(\frac{d}{dx} y\right) + P \frac{d}{dx} y + Qy \\ &= \vec{D}\vec{D}y + P\vec{D}y + Qy = \vec{D}^2 y + P\vec{D}y + Qy \end{aligned}$$

$$= \left(\vec{D}^2 + P\vec{D} + Q\right)y$$

微分方程式 (11.4) の特性方程式 $\lambda^2 + P\lambda + Q = 0$ の解を A_1, A_2 とする．λ を $\vec{D}$ でおき換えれば式 (11.4) は，

$$\left(\vec{D}^2 + P\vec{D} + Q\right)y = \left(\vec{D} - A_1\right)\left(\vec{D} - A_2\right)y = r(x)$$

と変形できるので，微分方程式 (11.4) を解いて関数 y を求めることは，

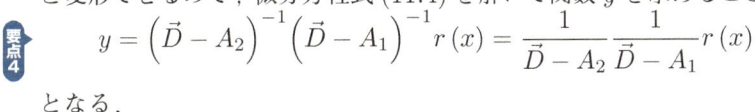

$$y = \left(\vec{D} - A_2\right)^{-1}\left(\vec{D} - A_1\right)^{-1} r(x) = \frac{1}{\vec{D} - A_2}\frac{1}{\vec{D} - A_1} r(x) \quad (11.5)$$

となる．

要点 4

例題 11.3 $y'' + y' - 2y = \exp(-x)$ を解く（参照：**例題 11.4**）．

答 特性方程式は $\lambda^2 + \lambda - 2 = 0$ となる．この方程式は $\lambda^2 + \lambda - 2 = (\lambda + 2)(\lambda - 1) = 0$ より，$A_1 = -2$ と $A_2 = 1$ の異なる 2 つの解をもつ．また，$r(x) = \exp(-x)$ である．式 (11.5) は以下のようになる．

$$\begin{aligned}
y &= \frac{1}{\vec{D} - 1}\frac{1}{\vec{D} + 2}\exp(-x) = \frac{1}{\vec{D} - 1}\exp(-2x)\int \exp(2x)\exp(-x)\,dx \\
&= \frac{1}{\vec{D} - 1}\exp(-2x)\int \exp x\, dx = \frac{1}{\vec{D} - 1}\exp(-2x)(\exp x + C_{10}) \\
&= \frac{1}{\vec{D} - 1}\{\exp(-x) + C_{10}\exp(-2x)\} \\
&= \exp x \int \exp(-x)\{\exp(-x) + C_{10}\exp(-2x)\}\,dx \\
&= \exp x \int \{\exp(-2x) + C_{10}\exp(-3x)\}\,dx \\
&= \exp x \left\{-\frac{1}{2}\exp(-2x) - \frac{C_{10}}{3}\exp(-3x) + C_2\right\} \\
&= -\frac{1}{2}\exp(-x) - \frac{C_{10}}{3}\exp(-2x) + C_2 \exp x \\
&= -\frac{1}{2}\exp(-x) + C_1 \exp(-2x) + C_2 \exp x
\end{aligned}$$

ここで，$C_1 = -\dfrac{C_{10}}{3}$ とおいた． ∎

11.4 非斉次項の関数形が指数関数の場合の特殊解

微分方程式 (11.4) の非斉次項が $r(x) = \exp(Ax)$ のように指数関数で与えられる場合 (A は定数),特殊解は以下のように求められる.

微分方程式 (11.4) は,$\vec{L}\left(\vec{D}\right) = \vec{D}^2 + P\vec{D} + Q$ としたとき,$\vec{L}\left(\vec{D}\right)y = r(x) = \exp(Ax)$ となる.特殊解は $y_s = \dfrac{1}{\vec{L}\left(\vec{D}\right)} \exp(Ax)$ で求められる.

$\vec{D}\exp(Ax) = A\exp(Ax)$,$\vec{D}^2 \exp(Ax) = A^2 \exp(Ax)$ であるので,

$$\begin{aligned}
\vec{L}\left(\vec{D}\right)\exp(Ax) &= \left(\vec{D}^2 + P\vec{D} + Q\right)\exp(Ax) \\
&= \vec{D}^2 \exp(Ax) + P\vec{D}\exp(Ax) + Q\exp(Ax) \\
&= A^2 \exp(Ax) + PA\exp(Ax) + Q\exp(Ax) \\
&= \left(A^2 + PA + Q\right)\exp(Ax) \\
&= l(A)\exp(Ax)
\end{aligned}$$

が成り立つ.ここで,$l(A)$ は $\vec{L}\left(\vec{D}\right)$ の $\vec{D}$ を A でおき換えた関数である.

$l(A) \neq 0$ のとき,両辺を $l(A)$ で割り,$\vec{L}\left(\vec{D}\right) \left\{ \dfrac{1}{l(A)} \exp(Ax) \right\} = \exp(Ax)$ となる.この両辺に $\dfrac{1}{\vec{L}\left(\vec{D}\right)}$ を作用させると,特殊解は

$$y_s = \frac{1}{l(A)} \exp(Ax) \tag{11.6}$$

で求められる.

例題 11.4 $y'' + y' - 2y = \exp(-x)$ の特殊解を求める (参照:**例題 11.3**).
答 $\vec{L}\left(\vec{D}\right) = \vec{D}^2 + \vec{D} - 2$,$A = -1$ であるので,特殊解は式 (11.6) から,

$$y_s = \frac{1}{l(-1)} \exp(-x) = \frac{1}{(-1)^2 + (-1) - 2} \exp(-x) = -\frac{1}{2}\exp(-x)$$

となり,**例題 11.3** の特殊解と同じ結果が得られる. ■

$l(A) = 0$ のときは,$\vec{L}\left(\vec{D}\right) = \left(\vec{D} - A\right)^n \vec{L}_0\left(\vec{D}\right)$ と展開できる.特殊解は

$$y_s = \frac{1}{\vec{L}\left(\vec{D}\right)} \exp(Ax) = \frac{1}{\left(\vec{D}-A\right)^n} \frac{1}{\vec{L}_0\left(\vec{D}\right)} \exp(Ax)$$

$$= \frac{1}{l_0(A)} \frac{1}{\left(\vec{D}-A\right)^n} \exp(Ax)$$

$$= \frac{1}{l_0(A)} \exp(Ax) \frac{1}{\vec{D}^n} \{\exp(-Ax)\exp(Ax)\}$$

$$= \frac{1}{l_0(A)} \exp(Ax) \frac{1}{\vec{D}^n} 1$$

$$= \frac{1}{l_0(A)} \exp(Ax) \frac{x^n}{n!}$$

となる．ここで，$l_0(A)$ は $\vec{L}_0(\vec{D})$ の $\vec{D}$ を A でおき換えた関数であり，$l_0(A) \neq 0$ である．また，$\dfrac{1}{\vec{D}^n}$ は，x に対して n 回積分する演算を表す．$\dfrac{1}{\vec{D}^n}1$ は，1 を x に対して n 回積分する演算を表し $\dfrac{1}{\vec{D}^n}1 = \dfrac{x^n}{n!}$ となる．

展開

> **問題 11.1** 次の定係数線形非斉次方程式を演算子法で解け．
> (1) $y' + y = x + 1$ （参照：**問題** 10.1(1)）
> (2) $y' + y = \exp x$ （参照：**問題** 10.1(3)）
> (3) $y' + y = \exp(-x)$ （参照：**問題** 10.1(4)）
> (4) 定係数 2 次線形斉次方程式 $y'' + Py' + Qy = 0$ （ただし，特性方程式の解を A_1，A_2 とする．参照：7.2 節，7.3 節）
> (5) $y'' + y' - 2y = x^2 + x + 1$ （参照：**問題** 10.1(5)）
> (6) $y'' + y' = x^2 + x + 1$ （参照：**問題** 10.1(6)）
>
> **問題 11.2** 次の定係数線形非斉次方程式を式 (11.5) により解け．
> (1) $y'' - 2y' + y = \exp(-x)$ （参照：**問題** 10.1(9)）
> (2) $y'' - 2y' + y = \exp x$ （参照：**問題** 10.1(10)）
>
> **問題 11.3** 次の定係数線形非斉次方程式の特殊解を 11.4 節の方法で求めよ．
> (1) $y'' - 2y' + y = \exp(-x)$ （参照：**問題** 11.2(1)）
> (2) $y'' - 2y' + y = \exp x$ （ヒント：$L_0(\vec{D}) = 1$，参照：**問題** 11.2(2)）

確認事項 II

6章　2階線形方程式の解の構造

- ☐ 2階線形方程式の意味が理解できる
- ☐ 2階微分方程式の一般解には2つの任意定数が含まれることを理解している
- ☐ 2階線形方程式の解がただ1つだけ必ず存在するための条件が理解できる
- ☐ 2つの基本解の1次結合の意味および1次独立の条件が理解できる
- ☐ 重ね合わせの定理が理解できる

7章　定係数2階線形斉次方程式

- ☐ 定係数2階線形斉次方程式の意味が理解できる
- ☐ 定係数2階線形斉次方程式の特性方程式が導ける
- ☐ 特性方程式が異なる2つの解をもつ場合について解ける
- ☐ 特性方程式が2重解をもつ場合について解ける

8章　変数係数2階線形斉次方程式

- ☐ 2階線形斉次方程式を解く手順が理解できる
- ☐ 基本解の1つがべき関数の場合に一般解を求められる
- ☐ 基本解の1つが指数関数の場合に一般解を求められる
- ☐ 定数変化法で1つの基本解から一般解が導ける

9章　2階線形非斉次方程式

- ☐ 2階線形非斉次方程式の意味が理解できる
- ☐ 定数変化法により2階線形非斉次方程式が解ける

10章　未定係数法

- ☐ 未定係数法が理解できる
- ☐ 非斉次項が多項式の場合，定係数の値に対する特殊解の関数形が理解できる
- ☐ 非斉次項が指数関数の場合，非斉次項と基本解の関数形に対する特殊解の関数形が理解できる
- ☐ 定係数1階線形非斉次方程式，定係数2階線形非斉次方程式が解ける

11章　演算子法

- ☐ 演算子法で微分方程式を解く意味が理解できる
- ☐ 演算子法で定係数1階線形方程式が解ける
- ☐ 演算子法で定係数2階線形方程式が解ける
- ☐ 非斉次項が指数関数の場合の特殊解が求められる

III
微分方程式の応用

　12 章では，解の形をべき級数展開で表し微分方程式を解く級数展開法を説明します．

　13 章では，連立定係数 1 階線形方程式を解く 2 つの方法として，変数の 1 つを消去して解く方法と行列を用いて解く方法を学びます．

　14 章では，2 変数 x, y に関する微分方程式が，ある関数の全微分で表される完全微分形を解説します．

　15 章では，2 つの独立変数の関数の偏微分を含む偏微分方程式の例として，波動方程式を変数分離法あるいは行列を用いて解く 2 つの方法を扱います．

12 級数展開法

> **要点**
>
> 1. 級数展開法では，x のべき級数展開を仮定した解 $y = \sum_{n=0}^{\infty} A_n x^n$ と導関数 $y' = \sum_{n=0}^{\infty} (n+1) A_{n+1} x^n$，$y'' = \sum_{n=0}^{\infty} (n+2)(n+1) A_{n+2} x^n$ を微分方程式に代入し，その両辺で同じべき乗の係数を比較することから，べき級数の係数 A_n に関する漸化式を導出し，それを解いて A_n を求める．

> **準備**
>
> 1. 多項式の両辺で，x の n 乗の係数を比較する方法を復習する．
> 2. 漸化式の解き方を復習する．

12.1 級数展開法とは

微分方程式の解 y が級数解，すなわち次のような x のべき級数で展開されると仮定する．

$$y = \sum_{n=0}^{\infty} A_n x^n \tag{12.1}$$

ここで，A_n は x の n 乗の係数である．

式 (12.1) を項別に微分して導関数を求める．たとえば，1 次と 2 次の導関数は，

$$y' = \sum_{n=1}^{\infty} n A_n x^{n-1} = \sum_{n=0}^{\infty} (n+1) A_{n+1} x^n \tag{12.2}$$

$$y'' = \sum_{n=2}^{\infty} n(n-1) A_n x^{n-2} = \sum_{n=0}^{\infty} (n+2)(n+1) A_{n+2} x^n \tag{12.3}$$

となる．次に，これらを微分方程式に代入し，微分方程式の両辺で同じべき乗の係数を比較することから，べき級数の係数 A_n に関する漸化式を導出し，そ

れを解いて A_n を求める．

ただし，この手法はすべての微分方程式に適用できるわけではないことに注意する．

例題 12.1

$$y' + y = 0 \tag{12.4}$$

を級数展開法で解く．

答 式 (12.1)，式 (12.2) を微分方程式 (12.4) へ代入すると，

$$y' + y = \sum_{n=0}^{\infty}(n+1)A_{n+1}x^n + \sum_{n=0}^{\infty}A_n x^n = 0$$

x^n の係数が恒等的に 0 となることから，次の漸化式が成り立つ．

$$(n+1)A_{n+1} + A_n = 0$$

ここで，$n+1$ を n でおき換えると，

$$nA_n + A_{n-1} = 0$$

よって，$A_n = -\dfrac{1}{n}A_{n-1}$ となる．この漸化式を解くと，

$$A_n = -\frac{1}{n}A_{n-1} = (-1)^2 \frac{1}{n}\frac{1}{n-1}A_{n-2} = \cdots = (-1)^n \frac{1}{n!}A_0$$

となる．これを式 (12.1) へ代入すると，微分方程式 (12.4) の一般解は，

$$y = \sum_{n=0}^{\infty} A_n x^n = \sum_{n=0}^{\infty} A_0 \frac{(-1)^n}{n!} x^n$$

となる．式 (12.4) は 1 階微分方程式であるので，任意定数 A_0 を 1 つ含む．この結果は，微分方程式 (12.4) を変数分離法で求めた一般解 $y = A_0 \exp(-x)$ をべき級数展開した答と一致する． ■

級数展開法が適用できない例を次に示す．

例題 12.2
$$xy' - y = x \tag{12.5}$$
を級数展開法を適用する (参照：**例題 3.1**, **例題 5.5**).

答 式 (12.1) と式 (12.2) を微分方程式 (12.5) へ代入する.

$$x\sum_{n=0}^{\infty}(n+1)A_{n+1}x^n - \sum_{n=0}^{\infty}A_n x^n = \sum_{n=0}^{\infty}(n+1)A_{n+1}x^{n+1} - \sum_{n=0}^{\infty}A_n x^n$$
$$= \sum_{n=1}^{\infty}nA_n x^n - \sum_{n=0}^{\infty}A_n x^n = x$$

$n=1$ のとき左辺は恒等的に 0 となり, 右辺と矛盾する.

微分方程式 (12.5) の一般解は**例題 3.1**, **例題 5.5** で示したように $y = x\log|x| + Cx$ であり, $\log x$ は $x = 0$ において x のべき級数で展開できないことに対応している. ∎

12.2 正則点での級数展開法

2階線形方程式 $y'' + p(x)y' + q(x)y = 0$ において, $p(x)$, $q(x)$ が多項式で表されるとき, 点 $x = 0$ はこの微分方程式の**正則点**(または**通常点**) という. このとき, 微分方程式の一般解は以下のように 2 つの多項式の 1 次結合で表される.

$$y = C_1 \sum_{n=0}^{\infty} A_n x^n + C_2 \sum_{n=0}^{\infty} B_n x^n$$

ここで, C_1 と C_2 は任意定数である.

例題 12.3
$$y'' - xy' - y = 0 \tag{12.6}$$
を級数展開法で解く.

答 式 (12.1)〜式 (12.3) を微分方程式 (12.6) へ代入し, 各項の x の乗数が n となるように, 各項の級数での n の開始値に注意しながら変形する.

$$\begin{aligned}
&y'' - xy' - y \\
&= \sum_{n=0}^{\infty}(n+2)(n+1)A_{n+2}x^n - x\sum_{n=0}^{\infty}(n+1)A_{n+1}x^n - \sum_{n=0}^{\infty}A_n x^n \\
&= \sum_{n=0}^{\infty}(n+2)(n+1)A_{n+2}x^n - \sum_{n=0}^{\infty}(n+1)A_{n+1}x^{n+1} - \sum_{n=0}^{\infty}A_n x^n \\
&= \sum_{n=0}^{\infty}(n+2)(n+1)A_{n+2}x^n - \sum_{n=1}^{\infty}nA_n x^n - \sum_{n=0}^{\infty}A_n x^n = 0
\end{aligned}$$

x^0 の係数が恒等的に 0 となることから,$2A_2 - A_0 = 0$ となる.

x^n の係数 (ただし,$n \geq 1$) が恒等的に 0 となることから,次の漸化式が成り立つ.

$$(n+2)(n+1)A_{n+2} - nA_n - A_n$$
$$= (n+1)\{(n+2)A_{n+2} - A_n\} = 0$$

$n=0$ のときも含め,次の漸化式が成り立つ.

$$(n+2)A_{n+2} - A_n = 0$$

ここで,$n+2$ を n でおき換えると,$nA_n - A_{n-2} = 0$ となり,$n \geq 2$ において

$$A_n = \frac{1}{n}A_{n-2}$$

となる.

$n = 2m\,(m \geq 1)$ のとき,

$$A_n = A_{2m} = \frac{1}{2m}A_{2m-2} = \frac{1}{2m \cdot 2(m-1)}A_{2m-4} = \cdots = \frac{1}{2^m m!}A_0$$

$n = 2m+1\,(m \geq 1)$ のとき,

$$A_n = A_{2m+1} = \frac{1}{2m+1}A_{2m-1} = \frac{1}{(2m+1)(2m-1)}A_{2m-3}$$
$$= \cdots = \frac{1}{(2m+1)(2m-3)\cdots 3}A_1$$

よって,一般解は,

$$y = A_0 + A_1 x + A_0 \sum_{m=1}^{\infty} \frac{1}{2^m m!} x^{2m} + A_1 \sum_{m=1}^{\infty} \frac{1}{(2m+1)(2m-1)\cdots 3} x^{2m+1}$$

$$= A_0 \sum_{m=0}^{\infty} \frac{1}{2^m m!} x^{2m} + A_1 x + A_1 \sum_{m=1}^{\infty} \frac{1}{(2m+1)(2m-1)\cdots 3} x^{2m+1}$$

となる．式 (12.6) は 2 階微分方程式であるので，2 つの任意定数 A_0, A_1 を含む． ∎

12.3 確定特異点での級数展開法

2 階線形方程式 $y'' + p(x) y' + q(x) y = 0$ において，

$$p(x) = \frac{1}{x} \sum_{m=0}^{\infty} P_m x^m$$

$$q(x) = \frac{1}{x^2} \sum_{m=0}^{\infty} Q_m x^m$$

のように表されるとき，点 $x = 0$ はこの微分方程式の**確定特異点**という．このとき，微分方程式の一般解は以下の形で表される．

$$y = x^\lambda \sum_{n=0}^{\infty} A_n x^n \tag{12.7}$$

λ は以下の手順で決定する．微分方程式の両辺に x^2 をかけた式

$$x^2 y'' + \{xp(x)\}(xy') + \{x^2 q(x)\} y = 0$$

に，$xp(x) = \sum_{m=0}^{\infty} P_m x^m$, $x^2 q(x) = \sum_{m=0}^{\infty} Q_m x^m$ と式 (12.7) を代入すると，

$$\sum_{n=0}^{\infty} (\lambda+n)(\lambda+n-1) A_n x^{\lambda+n} + \left(\sum_{m=0}^{\infty} P_m x^m \right) \left\{ \sum_{n=0}^{\infty} (\lambda+n) A_n x^{\lambda+n} \right\}$$

$$+ \left(\sum_{m=0}^{\infty} Q_m x^m \right) \left(\sum_{n=0}^{\infty} A_n x^{\lambda+n} \right) = 0$$

が得られる．x の最小次数のべき x^λ の係数を 0 とおくことから，

$$\lambda(\lambda - 1) + P_0 \lambda + Q_0 = 0$$

が得られる．これを**決定方程式**という．P_0, Q_0 は，

$$P_0 = [xp(x)]_{x=0}$$
$$Q_0 = [x^2 q(x)]_{x=0}$$

から求められる．決定方程式の 2 つの解を λ_1, λ_2 とする（ただし，解は実数で，$\lambda_1 \geq \lambda_2$ とする）．微分方程式の λ_1 に対する基本解 y_1 は，

$$y_1 = x^{\lambda_1} \sum_{n=0}^{\infty} A_n x^n$$

と表せる．一方, y_1 と 1 次独立な基本解 y_2 は，$\lambda_1 - \lambda_2$ の値により形が異なる．

表 12.1　1 次独立な基本解 y_2 の形

$\lambda_1 - \lambda_2 \neq$ 整数	$y_2 = x^{\lambda_2} \sum_{n=0}^{\infty} B_n x^n$
$\lambda_1 = \lambda_2 = \lambda$	$y_2 = Cy_1 \log|x| + x^{\lambda_2} \sum_{n=1}^{\infty} B_n x^n$
$\lambda_1 - \lambda_2 =$ 正の整数	$y_2 = Cy_1 \log|x| + x^{\lambda_2} \sum_{n=0}^{\infty} B_n x^n$

ここで，C は定数である．

展開

問題 12.1 次の微分方程式を級数展開法で解け．

(1) $y' + xy = 0$　（参照：**例題 4.1**）

(2) $xy' - y = x^K$　（ただし，$K \neq 0, 1$ とする）

(3) $(x+1)y' - y = x$

(4) $(1-x)y' - y = -x + \dfrac{1}{2}$

(5) $y' + y = \exp(-x)$　（参照：**問題 5.1**(4)，**問題 10.1**(4)）

(6) $y'' - y' = 0$　（参照：**問題 7.1**(3)）

(7) $y'' - y = 0$　（参照：**問題 7.1**(2)）

(8) $y'' - xy = 0$

(9) $(x+1)y'' + xy' - y = 0$　（参照：**例題 8.1**）

(10) $y'' + \dfrac{1}{2x}y' + \dfrac{1}{4x}y = 0$

13 | 連立定係数 1 階線形方程式

> **要点**
>
> 1. 2元連立定係数 1 階線形方程式 $y_1' = A_{11}y_1 + A_{12}y_2 + q_1$, $y_2' = A_{21}y_1 + A_{22}y_2 + q_2$ の未知関数の 1 つ y_2 を消去すると, 残りの未知関数 y_1 に関する 2 階定係数線形微分方程式 $y_1'' - (A_{11} + A_{22})y_1' + (A_{11}A_{22} - A_{12}A_{21})y_1 = q_1' - A_{22}q_1 + A_{12}q_2$ が得られる. この微分方程式を解き, その解 y_1 をもとの連立微分方程式に戻し, 最初に消去した未知関数 y_2 を求める.
> 2. 2元連立定係数 1 階線形方程式を行列により表し, その行列を対角化すると独立した 2 つの 1 階定係数線形微分方程式が得られる. これらの微分方程式を解き, 固有ベクトルを列ベクトルとする行列をかけると解ける.

> **準備**
>
> 1. 2元連立 1 次方程式の解き方を復習する.
> 2. 2階定係数線形非斉次方程式の解き方を復習する (9 章, 10 章).
> 3. 2行 2 列の行列の固有値と固有ベクトルを求める方法を復習する.

13.1 連立定係数 1 階線形方程式

独立変数を x, 未知関数を y_1, y_2 とする次の連立定係数 1 階線形方程式を考える.

$$\begin{cases} y_1' = A_{11}y_1 + A_{12}y_2 + q_1 & (13.1) \\ y_2' = A_{21}y_1 + A_{22}y_2 + q_2 & (13.2) \end{cases}$$

ここで, A_{11}, A_{12}, A_{21}, A_{22} は定数, q_1, q_2 は x の関数 (非斉次項) である.

13.2 未知関数の1つを消去する方法

要点1 式 (13.1) より,
$$y_2 = \frac{1}{A_{12}}\left(y_1' - A_{11}y_1 - q_1\right)$$

さらに x で微分すると,
$$y_2' = \frac{1}{A_{12}}\left(y_1'' - A_{11}y_1' - q_1'\right)$$

となる.これらを式 (13.2) に代入すると,
$$\frac{1}{A_{12}}\left(y_1'' - A_{11}y_1' - q_1'\right) = A_{21}y_1 + \frac{A_{22}}{A_{12}}\left(y_1' - A_{11}y_1 - q_1\right) + q_2$$

この式を整理すると,
$$y_1'' - A_{11}y_1' - q_1' = A_{12}A_{21}y_1 + A_{22}\left(y_1' - A_{11}y_1 - q_1\right) + A_{12}q_2$$

$$y_1'' - (A_{11} + A_{22})y_1' + (A_{11}A_{22} - A_{12}A_{21})y_1 = q_1' - A_{22}q_1 + A_{12}q_2 \quad (13.3)$$

となり, y_1 に関する2階定係数線形非斉次方程式が得られる.この微分方程式を解き y_1 を求め,そのあと式 (13.1) へ代入すると y_2 が求められる.

例題 13.1 次の連立定係数1階線形方程式を,未知関数の1つを消去する方法で解く (参照: **例題 13.2**).

$$\begin{cases} y_1' = 2y_1 - y_2 + \exp(-x) \\ y_2' = 4y_1 - 3y_2 + \exp(-x) \end{cases} \quad (13.4)$$

答 $A_{11} = 2$, $A_{12} = -1$, $A_{21} = 4$, $A_{22} = -3$, $q_1 = \exp(-x)$, $q_2 = \exp(-x)$ となるので,微分方程式 (13.3) は以下のようになる.

$$y_1'' - (2 - 3)y_1' + \{2 \cdot (-3) - (-1) \cdot 4\}y_1$$
$$= \{\exp(-x)\}' - [-3\{\exp(-x)\}] + [-1\{\exp(-x)\}]$$
$$y_1'' + y_1' - 2y_1 = \exp(-x)$$

となる.この微分方程式は**問題 9.1**(2) と同じ形であるので,その一般解は,

$$y_1 = -\frac{1}{2}\exp(-x) + C_1\exp(-2x) + C_2\exp x$$

となる．これを式 (13.4) に代入して，

$$\begin{aligned}
y_2 &= 2y_1 - y_1' + \exp(-x) \\
&= 2\left\{-\frac{1}{2}\exp(-x) + C_1\exp(-2x) + C_2\exp x\right\} \\
&\quad - \left\{\frac{1}{2}\exp(-x) - 2C_1\exp(-2x) + C_2\exp x\right\} + \exp(-x) \\
&= -\frac{1}{2}\exp(-x) + 4C_1\exp(-2x) + C_2\exp x
\end{aligned}$$

となる． ■

13.3 行列を使用した方法

要点2

連立方程式 (13.1)，(13.2) を行列を使って表すと以下のようになる．

$$\boldsymbol{y}' = \boldsymbol{A}\boldsymbol{y} + \boldsymbol{q} \tag{13.5}$$

ここで，$\boldsymbol{A} = \begin{bmatrix} A_{11} & A_{12} \\ A_{21} & A_{22} \end{bmatrix}$，$\boldsymbol{y} = \begin{bmatrix} y_1 \\ y_2 \end{bmatrix}$，$\boldsymbol{q} = \begin{bmatrix} q_1 \\ q_2 \end{bmatrix}$ とおいた．また，$\boldsymbol{y}'$ は $\begin{bmatrix} y_1' \\ y_2' \end{bmatrix}$ を意味するものとする．

行列 $\boldsymbol{A}$ の固有値が異なる 2 つの値 B_1，B_2 であるとき，それぞれの固有ベクトルを $\boldsymbol{p}_1$，$\boldsymbol{p}_2$ とする．これらを列ベクトルとする行列 $\boldsymbol{P} = \begin{bmatrix} \boldsymbol{p}_1 & \boldsymbol{p}_2 \end{bmatrix}$ を作る．この行列は逆行列 $\boldsymbol{P}^{-1}$ が存在する正則行列である．行列 $\boldsymbol{A}$ は $\boldsymbol{P}^{-1}\boldsymbol{A}\boldsymbol{P} = \begin{bmatrix} B_1 & 0 \\ 0 & B_2 \end{bmatrix}$ と対角化できる．式 (13.5) の両辺に $\boldsymbol{P}^{-1}$ をかけ，また，$\boldsymbol{P}\boldsymbol{P}^{-1} = \begin{bmatrix} 1 & 0 \\ 0 & 1 \end{bmatrix}$ と単位行列になることを用いると，

$$\begin{aligned}
\left(\boldsymbol{P}^{-1}\boldsymbol{y}\right)' &= \boldsymbol{P}^{-1}\boldsymbol{A}\left(\boldsymbol{P}\boldsymbol{P}^{-1}\right)\boldsymbol{y} + \boldsymbol{P}^{-1}\boldsymbol{q} \\
\left(\boldsymbol{P}^{-1}\boldsymbol{y}\right)' &= \left(\boldsymbol{P}^{-1}\boldsymbol{A}\boldsymbol{P}\right)\left(\boldsymbol{P}^{-1}\boldsymbol{y}\right) + \boldsymbol{P}^{-1}\boldsymbol{q}
\end{aligned}$$

となる．ここで，$\boldsymbol{z} = \boldsymbol{P}^{-1}\boldsymbol{y} = \begin{bmatrix} z_1 \\ z_2 \end{bmatrix}$，$\boldsymbol{r} = \boldsymbol{P}^{-1}\boldsymbol{q} = \begin{bmatrix} r_1 \\ r_2 \end{bmatrix}$ とすると，

$$z' = \begin{bmatrix} B_1 & 0 \\ 0 & B_2 \end{bmatrix} z + r \tag{13.6}$$

となる.すなわち,

$$z_1' = B_1 z_1 + r_1$$
$$z_2' = B_2 z_2 + r_2$$

のように,独立した2つの1階定係数線形非斉次方程式が得られる.これらを解くと z が得られ,$y = Pz$ より式 (13.5) を解くことができる.

例題 13.2 次の連立定係数1階線形方程式を,行列を使用した方法で解く(参照:**例題 13.1**).

$$\begin{cases} y_1' = 2y_1 - y_2 + \exp(-x) \\ y_2' = 4y_1 - 3y_2 + \exp(-x) \end{cases}$$

答 $A = \begin{bmatrix} 2 & -1 \\ 4 & -3 \end{bmatrix}$, $q = \begin{bmatrix} \exp(-x) \\ \exp(-x) \end{bmatrix}$ となる.まず,行列 A の固有値 λ を求める.

$$\begin{vmatrix} 2-\lambda & -1 \\ 4 & -3-\lambda \end{vmatrix} = (2-\lambda)(-3-\lambda) - (-1) \cdot 4 = \lambda^2 + \lambda - 2$$
$$= (\lambda+2)(\lambda-1) = 0$$

より,$B_1 = -2$, $B_2 = 1$ となる.
$B_1 = -2$ に対する固有ベクトルは,$\begin{bmatrix} 2 & -1 \\ 4 & -3 \end{bmatrix} \begin{bmatrix} p_{11} \\ p_{12} \end{bmatrix} = -2 \begin{bmatrix} p_{11} \\ p_{12} \end{bmatrix}$

すなわち $\begin{bmatrix} 2p_{11} - p_{12} \\ 4p_{11} - 3p_{12} \end{bmatrix} = \begin{bmatrix} -2p_{11} \\ -2p_{12} \end{bmatrix}$ より $p_1 = \begin{bmatrix} p_{11} \\ p_{12} \end{bmatrix} = \begin{bmatrix} 1 \\ 4 \end{bmatrix}$ となる.$B_2 = 1$ に対する固有ベクトルは,

$$\begin{bmatrix} 2 & -1 \\ 4 & -3 \end{bmatrix} \begin{bmatrix} p_{21} \\ p_{22} \end{bmatrix} = 1 \begin{bmatrix} p_{21} \\ p_{22} \end{bmatrix}$$

すなわち $\begin{bmatrix} 2p_{11} - p_{12} \\ 4p_{11} - 3p_{12} \end{bmatrix} = \begin{bmatrix} p_{11} \\ p_{12} \end{bmatrix}$ より $p_2 = \begin{bmatrix} p_{21} \\ p_{22} \end{bmatrix} = \begin{bmatrix} 1 \\ 1 \end{bmatrix}$ となる.

よって，正則行列 P は

$$P = \begin{bmatrix} p_1 & p_2 \end{bmatrix} = \begin{bmatrix} p_{11} & p_{21} \\ p_{12} & p_{22} \end{bmatrix} = \begin{bmatrix} 1 & 1 \\ 4 & 1 \end{bmatrix}$$

となる．逆行列 P^{-1} は $P^{-1} = \dfrac{1}{1 \cdot 1 - 1 \cdot 4} \begin{bmatrix} 1 & -1 \\ -4 & 1 \end{bmatrix} = \dfrac{1}{3} \begin{bmatrix} -1 & 1 \\ 4 & -1 \end{bmatrix}$

となる．また $r = P^{-1}q = \dfrac{1}{3} \begin{bmatrix} -1 & 1 \\ 4 & -1 \end{bmatrix} \begin{bmatrix} \exp(-x) \\ \exp(-x) \end{bmatrix} = \begin{bmatrix} 0 \\ \exp(-x) \end{bmatrix}$

となる．よって，式 (13.6) に相当する式は，以下の独立した 2 つの 1 階定係数線形非斉次方程式となる．

$$z_1' = -2z_1 \tag{13.7}$$

$$z_2' = z_2 + \exp(-x) \tag{13.8}$$

微分方程式 (13.7) の一般解は $z_1 = C_1 \exp(-2x)$ であり，微分方程式 (13.8) の一般解は $z_2 = C_2 \exp x - \dfrac{1}{2} \exp(-x)$ である．ここで，C_1, C_2 は任意定数である．

$$y = Pz = \begin{bmatrix} 1 & 1 \\ 4 & 1 \end{bmatrix} \begin{bmatrix} C_1 \exp(-2x) \\ C_2 \exp x - \dfrac{1}{2} \exp(-x) \end{bmatrix}$$

$$= \begin{bmatrix} -\dfrac{1}{2} \exp(-x) + C_1 \exp(-2x) + C_2 \exp x \\ -\dfrac{1}{2} \exp(-x) + 4C_1 \exp(-2x) + C_2 \exp x \end{bmatrix}$$

と**例題 13.1** と同じ結果になる． ∎

行列 A の固有値が 2 重解として 1 つの値 B であるとき，$P^{-1}AP = \begin{bmatrix} B & 0 \\ 1 & B \end{bmatrix}$ を満足するように正則行列 P を決定する．式 (13.6) に相当する式は $z' = \begin{bmatrix} B & 0 \\ 1 & B \end{bmatrix} z + r$ となり，すなわち，

$$z_1' = Bz_1 + r_1 \tag{13.9}$$

$$z_2' = z_1 + Bz_2 + r_2 \tag{13.10}$$

となる．まず，微分方程式 (13.9) を解き z_1 を求めたあと，式 (13.10) へ代入する．そして，微分方程式 (13.10) を解き z_2 を求める．あとは，$\boldsymbol{y} = \boldsymbol{P}\boldsymbol{z}$ より式 (13.5) を解くことができる．

展開

問題 13.1 次の連立定係数 1 階線形方程式を，① 未知関数の 1 つを消去する方法および ② 行列を使用した方法で解け．

(1) $\begin{cases} y_1' = 2y_1 - y_2 - \exp(-x), \\ y_2' = 4y_1 - 3y_2 - 3\exp(-x) \end{cases}$

(2) $\begin{cases} y_1' = 2y_1 - 2y_2 + x^2, \\ y_2' = 2y_1 - 3y_2 + x^2 + \dfrac{1}{2}x - \dfrac{1}{2} \end{cases}$

(3) $\begin{cases} y_1' = 2y_1 + y_2, \\ y_2' = -2y_1 - y_2 + x \end{cases}$

(4) $\begin{cases} y_1' = 3y_1 + y_2, \\ y_2' = -4y_1 - y_2 \end{cases}$

(5) $\begin{cases} y_1' = -y_1 - 4y_2 + x^2, \\ y_2' = y_1 + 3y_2 \end{cases}$

14 完全微分形

> **要点**
>
> 1. 完全微分形方程式は，$p(x,y)\,\mathrm{d}x + q(x,y)\,\mathrm{d}y = 0$ の左辺がある関数 $f(x,y)$ の全微分 $\mathrm{d}f = \dfrac{\partial f}{\partial x}\mathrm{d}x + \dfrac{\partial f}{\partial y}\mathrm{d}y$ になっている．
> 2. $p(x,y)\,\mathrm{d}x + q(x,y)\,\mathrm{d}y = 0$ が完全微分形である必要十分条件は $\dfrac{\partial p}{\partial y} = \dfrac{\partial q}{\partial x}$ が成り立つことである．
> 3. 完全微分形方程式の一般解は，$\displaystyle\int p\,\mathrm{d}x + \int \left(q - \dfrac{\partial}{\partial y}\int p\,\mathrm{d}x \right)\mathrm{d}y = C$ となり，1 つの任意定数 C を含む．

> **準備**
>
> 1. 2 変数 x, y の関数 $f(x,y)$ の全微分 $\mathrm{d}f = \dfrac{\partial f}{\partial x}\mathrm{d}x + \dfrac{\partial f}{\partial y}\mathrm{d}y$ を導出する．

14.1 完全微分形とは

1 階微分方程式 $p(x,y) + q(x,y)\dfrac{\mathrm{d}y}{\mathrm{d}x} = 0$ に $\mathrm{d}x$ をかけた方程式

$$p(x,y)\,\mathrm{d}x + q(x,y)\,\mathrm{d}y = 0 \tag{14.1}$$

を考える．この式で 2 変数 x と y は同じように扱う．また，$p(x,y)$, $q(x,y)$ は連続微分可能 (x, y に関する偏導関数が連続) とする．式 (14.1) の左辺がある関数 $f(x,y)$ の全微分

$$\mathrm{d}f = \dfrac{\partial f}{\partial x}\mathrm{d}x + \dfrac{\partial f}{\partial y}\mathrm{d}y \tag{14.2}$$

で表されるとき，式 (14.1) を **完全微分形方程式** という．

このとき式 (14.1) は，

$$\mathrm{d}f = 0$$

と書けるので，その一般解は，

$$f(x, y) = C$$

となる．ここで，C は任意定数である．

14.2 完全微分形の条件と一般解

微分方程式 (14.1) が完全微分形であるとき，式 (14.1) と式 (14.2) を比較して，

$$\frac{\partial f}{\partial x} = p, \quad \frac{\partial f}{\partial y} = q$$

となる関数 f が存在する．このとき，

$$\frac{\partial p}{\partial y} = \frac{\partial}{\partial y}\frac{\partial f}{\partial x} = \frac{\partial^2 f}{\partial y \partial x}$$

$$\frac{\partial q}{\partial x} = \frac{\partial}{\partial x}\frac{\partial f}{\partial y} = \frac{\partial^2 f}{\partial x \partial y}$$

となり，これらの関数が連続であれば微分順序を交換できるので，

$$\frac{\partial p}{\partial y} = \frac{\partial q}{\partial x}$$

が成り立つ．

逆に，

$$\frac{\partial p}{\partial y} = \frac{\partial q}{\partial x} \tag{14.3}$$

を満足する関数 p, q が与えられたとき，関数 f を求める方法を以下に示す．$\frac{\partial f}{\partial x} = p$ より，

$$f = \int p \, \mathrm{d}x + c$$

となる．ここで，関数 c は y だけの関数であることに注意する．このとき，

$$q = \frac{\partial f}{\partial y} = \frac{\partial}{\partial y} \int p \, \mathrm{d}x + \frac{\mathrm{d}c}{\mathrm{d}y}$$

$$\frac{\mathrm{d}c}{\mathrm{d}y} = q - \frac{\partial}{\partial y} \int p \, \mathrm{d}x \tag{14.4}$$

となる．よって，関数 y は，

$$f = \int p \, \mathrm{d}x + \int \left(q - \frac{\partial}{\partial y} \int p \, \mathrm{d}x \right) \mathrm{d}y \tag{14.5}$$

となる．

すなわち，微分方程式 (14.1) の一般解は，

$$\int p\,dx + \int \left(q - \frac{\partial}{\partial y}\int p\,dx\right) dy = C$$

となる．ここで，C は任意定数である．

式 (14.4) の右辺を x で微分すると式 (14.3) から，

$$\frac{\partial}{\partial x}\left(q - \frac{\partial}{\partial y}\int p\,dx\right) = \frac{\partial q}{\partial x} - \frac{\partial p}{\partial y} = 0$$

となり，式 (14.5) の右辺の第 2 項 $\int \left(q - \frac{\partial}{\partial y}\int p\,dx\right) dy$ は x を含まない y だけの関数になる．式 (14.5) において，一般に $\int q\,dy$ は x と y の関数であるが，x を含む部分 $\frac{\partial}{\partial y}\int p\,dx$ を引くことで y だけの関数の部分を取り出して，第 2 項として加えればよい．

また，式 (14.5) において，x と y，p と q を入れ替えて，

$$f = \int q\,dy + \int \left(p - \frac{\partial}{\partial x}\int q\,dy\right) dx \tag{14.6}$$

で求めることもできる．式 (14.5) の場合と同様に，式 (14.6) の右辺の第 2 項 $\int \left(p - \frac{\partial}{\partial x}\int q\,dy\right) dx$ は y を含まない x だけの関数になる．一般に $\int p\,dx$ は，x と y の関数であるが，そのうち x だけの関数の部分を取り出して，第 2 項として加えればよいことがわかる．

例 2 章で扱った変数分離形 $\frac{dy}{dx} = f(x)g(y)$ は，

$$f(x)\,dx - \frac{1}{g(y)}\,dy = 0$$

と変形できる．$p(x,y) = f(x)$ とおくと，p は x だけの関数であるので $\frac{\partial p}{\partial y} = 0$ となる．同様に，$q(x,y) = -\frac{1}{g(y)}$ とおくと，q は y だけの関数であるので $\frac{\partial q}{\partial x} = 0$ となる．よって，

$$\frac{\partial p}{\partial y} = \frac{\partial q}{\partial x}\,(=0)$$

を満たすので，変数分離形は完全微分形の一種といえる．

例題 14.1 $y\mathrm{d}x + (x-y)\mathrm{d}y = 0$ が完全微分形であることを示して，それを解く．

答 $p = y$，$q = x - y$ であるので，$\dfrac{\partial p}{\partial y} = 1$，$\dfrac{\partial q}{\partial x} = 1$ より $\dfrac{\partial p}{\partial y} = \dfrac{\partial q}{\partial x}$ となるので完全微分形である．式 (14.5) より，

$$\begin{aligned}
f &= \int y\mathrm{d}x + \int \left(x - y - \frac{\partial}{\partial y}\int y\mathrm{d}x\right)\mathrm{d}y \\
&= xy + \int \left\{(x-y) - \frac{\partial}{\partial y}(xy)\right\}\mathrm{d}y \\
&= xy + \int (\not{x} - y - \not{x})\,\mathrm{d}y \\
&= xy - \int y\mathrm{d}y \\
&= xy - \frac{1}{2}y^2 = C
\end{aligned}$$

となる．

右辺の第 2 項は，

$$\int \left\{(x-y) - \frac{\partial}{\partial y}(xy)\,\mathrm{d}x\right\}\mathrm{d}y = -\frac{1}{2}y^2$$

となり y だけの関数である．この項は，

$$\int q\,\mathrm{d}y = \int (x-y)\,\mathrm{d}y = xy - \frac{1}{2}y^2$$

において y だけの関数の部分に相当していることがわかる． ■

14.3 積分因数

微分方程式 $p(x,y)\,\mathrm{d}x + q(x,y)\,\mathrm{d}y = 0$ が完全微分形でなくても，この両辺にある関数 $m(x,y)$ をかけたもの

$$m(x,y)\,p(x,y)\,\mathrm{d}x + m(x,y)\,q(x,y)\,\mathrm{d}y = 0 \tag{14.7}$$

が完全微分形になるとき，この関数 $m(x,y)$ を**積分因子**という．

式 (14.7) が完全微分形である条件は，

$$\frac{\partial}{\partial y}(mp) = \frac{\partial}{\partial x}(mq)$$

すなわち,
$$p\frac{\partial m}{\partial y} - q\frac{\partial m}{\partial x} + m\left(\frac{\partial p}{\partial y} - \frac{\partial q}{\partial x}\right) = 0 \tag{14.8}$$

である. 積分因子 m を一般的に求める方法はないが, 下記に示す特別な場合には求められる.

積分因子が x だけの関数 $m(x)$ のとき, $\frac{\partial m}{\partial y} = 0$ であるので, 式 (14.8) は

$$-q\frac{\mathrm{d}m}{\mathrm{d}x} + m\left(\frac{\partial p}{\partial y} - \frac{\partial q}{\partial x}\right) = 0$$

となる. これを変形すると,

$$\frac{1}{m}\frac{\mathrm{d}m}{\mathrm{d}x} = \frac{1}{q}\left(\frac{\partial p}{\partial y} - \frac{\partial q}{\partial x}\right)$$

となる. 左辺は x だけの関数であるので, 右辺も x だけの関数となる. この微分方程式は変数分離形であり, $m(x)$ は以下のように求められる.

$$m(x) = \exp\left\{\int \frac{1}{q}\left(\frac{\partial p}{\partial y} - \frac{\partial q}{\partial x}\right)\mathrm{d}x\right\}$$

積分因子が y だけの関数 $m(y)$ のとき, 同様に

$$m(y) = \exp\left\{-\int \frac{1}{p}\left(\frac{\partial p}{\partial y} - \frac{\partial q}{\partial x}\right)\mathrm{d}y\right\}$$

となる.

例題 14.2 $xy\mathrm{d}x + (x^2 - xy)\mathrm{d}y = 0$ の積分因子を求めて, この微分方程式を解く.

答 $p = xy$, $q = x^2 - xy$ であるので,

$$\frac{\partial p}{\partial y} - \frac{\partial q}{\partial x} = x - 2x + y = -x + y = -\frac{q}{x}$$

となる.

$$\frac{1}{q}\left(\frac{\partial p}{\partial y} - \frac{\partial q}{\partial x}\right) = -\frac{1}{x}$$

と x だけの関数となるので, 積分因子は

$$m(x) = \exp\left\{\int\left(-\frac{1}{x}\right)dx\right\} = \exp(-\log|x|) = \frac{1}{x}$$

となる．積分因子をかけた微分方程式は

$$ydx + (x-y)dy = 0$$

となり，**例題 14.1** と同じになるので，その解は $xy - \frac{1}{2}y^2 = C$ となる． ∎

展開

問題 14.1 式 (14.5) が $\dfrac{\partial f}{\partial x} = p$，$\dfrac{\partial f}{\partial y} = q$ を満足していることを示せ．

問題 14.2 式 (14.6) を導出せよ．

問題 14.3 次の方程式が完全微分形であることを示して，それを解け．
(1) $(2xy + x)dx + (x^2 + y)dy = 0$
(2) $x(y^2 + 1)dx + (x^2 + 1)ydy = 0$
(3) $(xy^2 + 2xy)dx + (x^2y + x^2)dy = 0$
(4) $(2x + 2xy^3)dx + (3x^2y^2 + 3y^2)dy = 0$
(5) $(2x\exp y + y)dx + (x^2\exp y + x)dy = 0$

問題 14.4 次の微分方程式の積分因子を求めて，この式を解け．
(1) $\{2x + y\exp(-y)\}dx + \{x^2 + x\exp(-y)\}dy = 0$
(2) $\dfrac{dy}{dx} + p_x(x)y = q_x(x)$，すなわち，$\{p_x(x)y - q_x(x)\}dx + dy = 0$
（参照：式 (5.1)）

問題 14.5 $(y^3 + 2y^2)dx + (xy^2 + xy)dy = 0$ の積分因子を $x^M y^N$ と仮定し，この微分方程式を解け．

15 偏微分方程式

> **要点**
>
> 1. 複数の独立変数に関する偏微分方程式 (例：波動方程式 $\dfrac{\partial^2 u}{\partial x^2} = \dfrac{1}{A^2}\dfrac{\partial^2 u}{\partial t^2}$, A は定数) は，まずその解の形をそれぞれの独立変数だけの関数の積 ($u = f_x(x)f_t(t)$) と仮定する．そして，それを代入して得られるそれぞれの独立変数に関する常微分方程式 ($\dfrac{d^2 f_x}{dx^2} = -B^2 f_x$, $\dfrac{d^2 f_t}{dt^2} = -(AB)^2 f_t$, B は定数) を解いて求める．
> 2. 波動方程式は行列を用いて表し，解くことができる．その行列を対角化すると独立した 2 つの 1 階偏微分方程式が得られる．これらの偏微分方程式の解はダランベールの解となる．

> **準備**
>
> 1. 定係数 2 階線形方程式の解法を復習する (7 章)．
> 2. 2 行 2 列の行列の固有値と固有ベクトルを求める方法を復習する．

15.1 偏微分方程式の分類

複数の独立変数の関数の導関数を含む方程式を**偏微分方程式**という．2 つの独立変数 x, y の関数 u に関する 2 階偏微分方程式の代表的な例として次の 3 つがある．

楕円形 $(x^2 + y^2 = C)$　$\dfrac{\partial^2 u}{\partial x^2} + \dfrac{\partial^2 u}{\partial y^2} = 0$　（ラプラス方程式，$C = 0$）

放物形 $(y - x^2 = C)$　$\dfrac{\partial u}{\partial y} - \dfrac{\partial^2 u}{\partial x^2} = 0$　（拡散方程式，$C = 0$）

双曲形 $(y^2 - x^2 = C)$　$\dfrac{\partial^2 u}{\partial y^2} - \dfrac{\partial^2 u}{\partial x^2} = 0$　（波動方程式，$C = 0$）

形の名称は，導関数の階数に等しいべきの 2 次式が表す平面曲線に対応している．

2 階偏微分斉次方程式は，以下で説明する変数分離法，または 13.3 節で説明

した行列を用いて解くことができる．

15.2 変数分離法

双曲形を例として，位置 x，時刻 t が満たす波動方程式

$$\frac{\partial^2 u}{\partial x^2} = \frac{1}{A^2}\frac{\partial^2 u}{\partial t^2} \tag{15.1}$$

を変数分離法で解く．ただし，A は定数である．15.1 節の波動方程式において y を t でおき換え，係数 $\dfrac{1}{A^2}$ をかけている．式 (15.1) において，右辺の係数を $\dfrac{1}{A^2}$ としているのは，求められた一般解の形が簡易になるためである．

2 つの独立変数 x, t の 2 階偏微分方程式の解 $u(x,t)$ を，x だけの関数 $f_x(x)$ と t だけの関数 $f_t(t)$ の積と仮定し，$u = f_x f_t$ とすると，

$$\frac{\partial^2 u}{\partial x^2} = f_t\frac{\mathrm{d}^2 f_x}{\mathrm{d}x^2}, \quad \frac{\partial^2 u}{\partial t^2} = f_x\frac{\mathrm{d}^2 f_t}{\mathrm{d}t^2}$$

となる．それぞれの式において左辺の偏微分が右辺では常微分になっていることに注意する．これらを式 (15.1) へ代入すると，$f_t\dfrac{\mathrm{d}^2 f_x}{\mathrm{d}x^2} = \dfrac{1}{A^2}f_x\dfrac{\mathrm{d}^2 f_t}{\mathrm{d}t^2}$ になる．この式の両辺を $f_x f_t (= u)$ で割ると，

$$\frac{1}{f_x}\frac{\mathrm{d}^2 f_x}{\mathrm{d}x^2} = \frac{1}{A^2}\frac{1}{f_t}\frac{\mathrm{d}^2 f_t}{\mathrm{d}t^2} = -B^2$$

となる．この式において，左辺は x だけの関数であり，右辺は t だけの関数である．この式が任意の x と t において成り立つには，その値が x と t によらない定数になる．そこで右辺を $-B^2$ とおいた．$-B^2$ としたのは，式 (15.1) の右辺の係数を $\dfrac{1}{A^2}$ とおいたのと同様に，求められた一般解の形が簡易になるためである．このようにすると，次の 2 つの常微分方程式が得られる．

$$\frac{\mathrm{d}^2 f_x}{\mathrm{d}x^2} = -B^2 f_x, \quad \frac{\mathrm{d}^2 f_t}{\mathrm{d}t^2} = -(AB)^2 f_t$$

これらの微分方程式の一般解は，それぞれ以下のようになる．

$$f_x = C_{x1}\cos Bx + C_{x2}\sin Bx \tag{15.2}$$

$$f_t = C_{t1}\cos ABt + C_{t2}\sin ABt \tag{15.3}$$

微分方程式 (15.2)，(15.3) はそれぞれ 2 階微分方程式であるため，その一般解はそれぞれ 2 つの任意定数を含む．微分方程式 (15.2) の 2 つの任意定数 C_{x1}，C_{x2} は x に関する 2 つの境界条件 (あるいは初期条件，以下同様) から決められる．また，微分方程式 (15.3) の 2 つの任意定数 C_{t1}，C_{t2} は t に関する 2 つの境界条件から決められる．さらに，定数 B についてもこれらの境界条件から決まるが，一般に 1 つに決まらない．定数 B が離散的に決まる場合には，微分方程式 (15.1) の一般解は，

$$\begin{aligned} u &= \sum_{m=1}^{\infty} f_{xm} f_{tm} \\ &= \sum_{m=1}^{\infty} \left(C_{x1m} \cos B_m x + C_{x2m} \sin B_m x \right) \left(C_{t1m} \cos AB_m t + C_{t2m} \sin AB_m t \right) \end{aligned}$$
(15.4)

となる．また，定数 B が離散的に決まらず連続値 b になる場合は以下のようになる．

$$\begin{aligned} u &= \int_0^{\infty} f_x f_t \mathrm{d}b \\ &= \int_0^{\infty} \left\{ c_{x1}(b) \cos bx + c_{x2}(b) \sin bx \right\} \left\{ c_{t1}(b) \cos Abt + c_{t2}(b) \sin Abt \right\} \mathrm{d}b \end{aligned}$$

ここで，c_{x1}, c_{x2}, c_{t1}, c_{t2} はそれぞれ b の関数となる．

例題 15.1 (1) 波動方程式の一般解 (15.4) に $x=0$ および $x=L$ で $u=0$ となる境界条件を満足するように B_m を求めよ．
(2) $t=0$ で $u=f(x)$, $\dfrac{\partial u}{\partial t}=g(x)$ となる初期条件を満たす解を求めよ．
答 (1) $x=0$ で $u=0$ となる境界条件を満足するには，任意の t について，以下の式が成り立つ必要がある．

$$u(0,t) = \sum_{m=1}^{\infty} C_{x1m}(C_{t1m} \cos AB_m t + C_{t2m} \sin AB_m t)$$

よって，$C_{x1m}=0$ となる．
次に，$x=L$ で $u=0$ となる境界条件を満足するには，

$$u(L,t) = \sum_{m=1}^{\infty} C_{x2m} \sin B_m L (C_{t1m} \cos AB_m t + C_{t2m} \sin AB_m t)$$

より, $\sin B_m L = 0$ となる必要がある. すなわち, $B_m L = m\pi$ より, $B_m = \dfrac{m\pi}{L}$ が得られる.

(2) (1) の結果から,

$$u(x,t) = \sum_{m=1}^{\infty} \sin \frac{m\pi}{L} x \left(C_{t1m0} \cos A \frac{m\pi}{L} t + C_{t2m0} \sin A \frac{m\pi}{L} t \right)$$

となる. ここで, $C_{t1m0} = C_{x2m} C_{t1m}$, $C_{t2m0} = C_{x2m} C_{t2m}$ とおいた. $t=0$ で $u = f(x)$ を満足するには, $f(x) = \sum_{m=1}^{\infty} C_{t1m0} \sin \dfrac{m\pi}{L} x$ となる必要がある. 両辺に $\sin \dfrac{n\pi}{L} x$ をかけて, $0 \leq x \leq L$ で積分すると, $C_{t1n0} = \dfrac{2}{L} \displaystyle\int_0^L f(x) \sin \dfrac{n\pi}{L} x \mathrm{d}x$ となる. また,

$$\frac{\partial}{\partial t} u(x,t) = \sum_{m=1}^{\infty} A \frac{m\pi}{L} \sin \frac{m\pi}{L} x \left(-C_{t1m0} \sin A \frac{m\pi}{L} t + C_{t2m0} \cos A \frac{m\pi}{L} t \right)$$

であるので, $t=0$ で $\dfrac{\partial u}{\partial t} = g(x)$ を満足するには, $g(x) = \sum_{m=1}^{\infty} A \dfrac{m\pi}{L} C_{t2m0} \sin \dfrac{m\pi}{L} x$ となる必要がある. 両辺に $\sin \dfrac{n\pi}{L} x$ をかけて, $0 \leq x \leq L$ で積分すると, $C_{t2n0} = \dfrac{2}{Am\pi} \displaystyle\int_0^L g(x) \sin \dfrac{n\pi}{L} x \mathrm{d}x$ となる. よって, 境界条件を満足する解は,

$$u(x,t) = \frac{2}{L} \sum_{m=1}^{\infty} \sin \frac{m\pi}{L} x$$

$$\left\{ \left(\int_0^L f(x) \sin \frac{m\pi}{L} x \mathrm{d}x \right) \cos A \frac{m\pi}{L} t + \frac{L}{Am\pi} \left(\int_0^L g(x) \sin \frac{m\pi}{L} x \mathrm{d}x \right) \sin A \frac{m\pi}{L} t \right\}$$

となる. ■

15.3 行列を用いて解く方法

微分方程式 (15.1) を 13.3 節で説明した行列を用いて解く.

$u_x = \dfrac{\partial u}{\partial x}$, $u_t = \dfrac{\partial u}{\partial t}$ とおく. 微分方程式 (15.1) はこれらを用いて, $\dfrac{\partial u_x}{\partial x} = \dfrac{1}{A^2} \dfrac{\partial u_t}{\partial t}$ と表される. また, これらは, $\dfrac{\partial u_t}{\partial x} = \dfrac{\partial u_x}{\partial t} \left(= \dfrac{\partial^2 u}{\partial x \partial t} \right)$ を満たす. 2 つの偏微分方程式は以下のように行列を用いて,

$$\frac{\partial}{\partial x}\boldsymbol{u} = \boldsymbol{A}\frac{\partial}{\partial t}\boldsymbol{u} \tag{15.5}$$

と表される．ここで，$\boldsymbol{A} = \begin{bmatrix} 0 & \frac{1}{A^2} \\ 1 & 0 \end{bmatrix}$, $\boldsymbol{u} = \begin{bmatrix} u_x \\ u_t \end{bmatrix}$である．式 (15.5) を**例題 13.2** と同じように変形する．ここでは手順を簡単に説明する．行列 $\boldsymbol{A}$ の固有値と固有ベクトルは，$B_1 = -\frac{1}{A}$, $B_2 = \frac{1}{A}$, $\boldsymbol{p}_1 = \begin{bmatrix} 1 \\ -A \end{bmatrix}$, $\boldsymbol{p}_2 = \begin{bmatrix} 1 \\ A \end{bmatrix}$ となる．よって，正則行列 $\boldsymbol{P}$ は，$\boldsymbol{P} = \begin{bmatrix} \boldsymbol{p}_1 & \boldsymbol{p}_2 \end{bmatrix} = \begin{bmatrix} 1 & 1 \\ -A & A \end{bmatrix}$ となる．ここで，

$$\boldsymbol{v} = \boldsymbol{P}^{-1}\boldsymbol{u} = \frac{1}{2A}\begin{bmatrix} A & -1 \\ A & 1 \end{bmatrix}\begin{bmatrix} u_x \\ u_t \end{bmatrix} = \frac{1}{2A}\begin{bmatrix} Au_x - u_t \\ Au_x + u_t \end{bmatrix} = \begin{bmatrix} v_1 \\ v_2 \end{bmatrix}$$

とおくと，$\frac{d}{dx}\boldsymbol{v} = \begin{bmatrix} B_1 & 0 \\ 0 & B_2 \end{bmatrix}\frac{d}{dt}\boldsymbol{v} = \begin{bmatrix} -\frac{1}{A} & 0 \\ 0 & \frac{1}{A} \end{bmatrix}\frac{d}{dt}\boldsymbol{v}$ となる．すなわち，

$$\frac{\partial}{\partial x}(Au_x - u_t) = -\frac{1}{A}\frac{\partial}{\partial t}(Au_x - u_t)$$
$$\frac{\partial}{\partial x}(Au_x + u_t) = \frac{1}{A}\frac{\partial}{\partial t}(Au_x + u_t)$$

と，独立した 2 つの 1 階偏微分方程式が得られる．これらの微分方程式を満たす関数は，それぞれ $x - At$ を引数とする関数 w_1 と $x + At$ を引数とする関数 w_2 を用いて，$Au_x - u_t = w_1(x - At)$, $Au_x + u_t = w_2(x + At)$ と表せる．これらを連立すると，

$$u_x = \frac{\partial u}{\partial x} = -\frac{1}{A}w_1(x - At) + \frac{1}{A}w_2(x + At)$$
$$u_t = \frac{\partial u}{\partial t} = w_1(x - At) + w_2(x + At)$$

が得られる．w_1, w_2 の原始関数をそれぞれ w_{p1}, w_{p2} とすると，

$$u = -\frac{1}{A}w_{p1}(x - At) + \frac{1}{A}w_{p2}(x + At)$$

となり，引数を $x - At$ と $x + At$ にする 2 つの任意の関数の和で表される．こ

の解を**ダランベールの解**という．引数 $x - At$ を t で微分すると，$\dfrac{\mathrm{d}x}{\mathrm{d}t} - A = 0$ から，$\dfrac{\mathrm{d}x}{\mathrm{d}t} = A$ となるので，関数 w_{p1} は速度 A で移動している．同様に，引数 $x + At$ の関数 w_{p2} は速度 $-A$ で移動している．

15.2 節で変数分離法により求めた一般解 (15.4) も，三角関数の積和公式を用いると，

$$u = \sum_{m=1}^{\infty} \left[\begin{array}{l} \dfrac{C_{x1m}C_{t1m} + C_{x2m}C_{t2m}}{2} \cos\{B_m(x - At)\} \\ + \dfrac{C_{x1m}C_{t1m} - C_{x2m}C_{t2m}}{2} \cos\{B_m(x + At)\} \\ + \dfrac{C_{x2m}C_{t1m} - C_{x1m}C_{t2m}}{2} \sin\{B_m(x - At)\} \\ + \dfrac{C_{x2m}C_{t1m} + C_{x1m}C_{t2m}}{2} \sin\{B_m(x + At)\} \end{array} \right]$$

となり，2 つの引数 $x - At$ と $x + At$ に関する関数の和で表される．

展開

問題 15.1 (1) 波動方程式 (15.1) において，2 つの独立変数 $v = x - At$, $w = x + At$ を新たに導入すると，$\dfrac{\partial^2 u}{\partial v \partial w} = 0$ となることを示せ．
(2) この偏微分方程式を解くとダランベールの解が得られることを示せ．

問題 15.2 位置 x, 時刻 t が満たす拡散方程式 $\dfrac{\partial^2 u}{\partial x^2} = \dfrac{1}{A}\dfrac{\partial u}{\partial t}$ を変数分離法で解け．ただし，A は定数である．

問題 15.3 (1) **問題 15.2** の拡散方程式の一般解に，$x = 0$ および $x = L$ で $u = 0$ となる境界条件を満足するように B_m を求めよ．
(2) $t = 0$ で $u = f(x)$ となる初期条件を満たす解を求めよ．

問題 15.4 2 つの独立変数 x, y が満たすラプラス方程式 $\dfrac{\partial^2 u}{\partial x^2} = -\dfrac{1}{A^2}\dfrac{\partial^2 u}{\partial y^2}$ を変数分離法で解け．ただし，A は定数である．

問題 15.5 (1) **問題 15.4** のラプラス方程式の一般解に，$x = 0$ および $x = L$ で $u = 0$ となる境界条件を満足するように B_m を求めよ．
(2) $y = 0$ で $u = 0$, $y = W$ で $u = f(x)$ となる初期条件を満たす解を求めよ．

確認事項 III

12章　級数展開法

- ☐ 級数展開法が理解できる
- ☐ 正則点，確定特異点の違いが理解できる
- ☐ 正則点での級数展開法で解ける
- ☐ 確定特異点での級数展開法で解ける

13章　連立定係数1階方程式

- ☐ 未知関数の1つを消去する方法で解ける
- ☐ 行列を使用した方法で解ける

14章　完全微分形

- ☐ 完全微分形の意味が理解できる
- ☐ 完全微分形となる関数の条件が理解できる
- ☐ 完全微分形の一般解が求められる
- ☐ 積分因数の意味が理解できる

15章　偏微分方程式

- ☐ 偏微分方程式の意味が理解できる
- ☐ 楕円形，放物形，双曲形の2階偏微分方程式の違いが理解できる
- ☐ 変数分離法で解ける
- ☐ 行列を用いて解ける

問題略解

問題 1.1 (1) 2 階 (2) 1 階

問題 1.2 (1) 非線形方程式 (2) 線形方程式

問題 1.3 (1) 斉次方程式 (2) 非斉次方程式

問題 1.4 (1) 略 (2) $y = \dfrac{1}{2}\exp x + \dfrac{1}{2}\exp(-x)$

問題 1.5 (1) 略 (2) 略

問題 2.1 (1) $y^2 = \dfrac{2}{3}x^3 + C$

(2) $y = C\exp\left(-\dfrac{1}{x}\right)$

(3) $y = C\dfrac{x+1}{x}$

(4) $y^2 + 1 = C\exp x$

(5) $y = C\exp\sqrt{x^2+1}$

(6) $y = \tan(x+C)$

(7) $\sin y = \dfrac{C}{\cos x}$

(8) $\exp y = \exp x + C$

(9) $y - \log|x+y+1| = C$

(10) $\tan\dfrac{1}{2}(x+y+1) = x + C$

問題 3.1 (1) $\log|y| = \dfrac{x}{y} + C$

(2) $(2y+x)^{\frac{1}{3}}(y-x)^{\frac{2}{3}} = C$

(3) $y^2 = -2x^2\log|x| + Cx^2$

(4) $\sin\dfrac{y}{x} = Cx$

(5) $y = x\exp(Cx+1)$

(6) $-x = (y-x)(\log|x|+C)$

(7) $y = C\exp\left(-\dfrac{y}{x}\right)$

(8) $y + \sqrt{x^2+y^2} = C$

(9) $x^2 + xy + y^2 = C$

(10) $x^2 + xy + y^2 + 4x + 5y = C$

問題 4.1 (1) $y = C\exp(-x)$

(2) $y = C\exp\left(\dfrac{1}{3}x^3\right)$

(3) $y = C\exp(\exp x)$

(4) $y = Cx$

(5) $y = C\exp\left(-\sqrt{x^2+1}\right)$

(6) $y = C\exp(\cos x)$

(7) $y = \dfrac{C}{\cos x}$

(8) $y = \dfrac{C}{1-x}$

(9) $y = C_1 \log|x| + C_2$

(10) $y^2 = C_1 x + C_2$

問題 5.1 (1) $y = x + C\exp(-x)$

(2) $y = \dfrac{1}{2}\exp x + C\exp(-x)$

(3) $y = x\exp(-x) + C\exp(-x)$

(4) $y = -1 + C\exp(\exp x)$

(5) $y = x^2 + Cx$

(6) $y = \sqrt{x^2+1} - 1 + C\exp(-\sqrt{x^2+1})$

(7) $y = -x\log x - x + Cx^2$

(8) $y = -\dfrac{1}{2}\cos x + \dfrac{C}{\cos x}$

(9) $y = \dfrac{1}{2}x + \dfrac{C}{1-x}$

(10) $y^{1-A} = C\exp\{(A-1)x\} + 1$

問題 6.1 (1) 1 次独立 (2) 1 次独立

(3) 1 次独立 (4) 1 次従属

(5) 1 次独立

問題 6.2 略

問題 6.3 略

問題 6.4 略

問題 6.5 斉次方程式の基本解は $\exp\left(-\dfrac{1}{2}x^2\right)$，斉次方程式の一般解は $C\exp\left(-\dfrac{1}{2}x^2\right)$

問題 6.6 斉次方程式の基本解は x と $\exp(-x)$，斉次方程式の一般解は $C_1 x + C_2 \exp(-x)$

問題 7.1 (1) $y = C_1 \exp x + C_2 \exp 2x$

(2) $y = C_1 \exp x + C_2 \exp(-x)$

(3) $y = C_1 + C_2 \exp x$

(4) $y = \exp\left(\dfrac{1}{2}x\right) \left\{ C_1 \cos\left(\dfrac{\sqrt{7}}{2}x\right) + C_2 \sin\left(\dfrac{\sqrt{7}}{2}x\right) \right\}$

(5) $y = (C_1 x + C_2)\exp(-2x)$

問題 7.2 $C_{1B} = C_1 + C_2$, $C_{2B} = (C_1 - C_2)i$

問題 7.3 (1) $w' = -Pw$ (2) $w = y_1 y_2' - y_2 y_1' = 0$ (3) $\left(\dfrac{y_2}{y_1}\right)' = 0$

(4) 略

問題 8.1 $y = C_1 \exp(-x) + C_2 x$

問題 8.2 (1) $y = C_1 + C_2 x$

(2) $y = C_1 x + \dfrac{C_2}{x^2}$

(3) $y = C_1 \sqrt{x} + C_2 \sqrt{x} \log|x|$

(4) $y = C_1 \exp(-x) + C_2 (2x-1)\exp x$

(5) $y = C_1 \exp(2x) + C_2 (8x^2 + 4x + 1)\exp(-2x)$

(6) $y = C_1 x + C_2 x \log|x|$

(7) $y = C_1 \exp x - C_2 (x+1)$

問題 8.3 $y = \{C_1 \exp x + C_2 \exp(-x)\} \exp\left(-\dfrac{1}{2}x^2\right)$

問題 8.4 $y = C_1 x + C_2 x \log|x|$

問題 9.1 (1) $y = -\dfrac{1}{2}x^2 - x - \dfrac{3}{2} + C_1 \exp(-2x) + C_2 \exp x$

(2) $y = -\dfrac{1}{2}\exp(-x) + C_1 \exp(-2x) + C_2 \exp x$

(3) $y = \dfrac{1}{4}\exp(-x) + C_1 x \exp x + C_2 \exp x$

(4) $y = \dfrac{1}{2}x^2 \exp(x) + C_1 x \exp(x) + C_2 \exp(x)$

(5) $y = -x \exp x + 2 \exp x + C_1 x + C_2$

(6) $y = \dfrac{1}{10}x^3 + C_1 x + C_2 x^{-2}$

(7) $y = -x + 1 + C_1 \exp(-x) + C_2 (2x-1)\exp x$

(8) $y = x^2 - C_1 x + C_2 x \log|x|$

(9) $y = -x^2 - 2x - 2 + C_1 \exp x + C_2 (x+1)$

問題 9.2 $y = -\exp\left(-\dfrac{1}{2}x^2\right) + C_1 \exp\left(x - \dfrac{1}{2}x^2\right) + C_2 \exp\left(-x - \dfrac{1}{2}x^2\right)$

問題 10.1 (1) x

(2) $\dfrac{1}{2}x^2 + x$

(3) $\dfrac{1}{2}\exp x$

(4) $x \exp(-x)$

(5) $-\dfrac{1}{2}x^2 - x - \dfrac{3}{2}$

(6) $\dfrac{1}{3}x^3 - \dfrac{1}{2}x^2 + 2x$

(7) $\frac{1}{12}x^4 + \frac{1}{6}x^3 + \frac{1}{2}x^2$

(8) $-\frac{1}{2}\exp(-x)$

(9) $\frac{1}{4}\exp(-x)$

(10) $\frac{1}{2}x^2 \exp x$

問題 11.1 (1) $y = x + C\exp(-x)$

(2) $y = \frac{1}{2}\exp x + C\exp(-x)$

(3) $y = x\exp(-x) + C\exp(-x)$

(4) $A_1 \neq A_2$ のとき，
$y = C_1 \exp(A_1 x) + C_2 \exp(A_2 x)$
$A_1 = A_2 = A$ のとき，
$y = (C_1 x + C_2)\exp(Ax)$

(5) $y = -\frac{1}{2}x^2 - x - \frac{3}{2} +$
$C_1 \exp(-2x) + C_2 \exp x$

(6) $y = \frac{1}{3}x^3 - \frac{1}{2}x^2 + 2x +$
$C_1 \exp(-x) + C_2$

問題 11.2 (1) $y = \frac{1}{4}\exp(-x)$
$+ C_1 x \exp(-x) + C_2 \exp(-x)$

(2) $y = \frac{1}{2}x^2 \exp x + C_1 x \exp x$
$+ C_2 \exp x$

問題 11.3 (1) $y = \frac{1}{4}\exp(-x)$

(2) $y = \frac{x^2}{2}\exp x$

問題 12.1

(1) $y = A_0 \sum_{m=0}^{\infty} \left(-\frac{1}{2}\right)^m \frac{1}{m!} x^{2m}$

(2)
$y = A_0 + A_0 x + \sum_{n=2}^{\infty} \frac{(-1)^n}{n(n-1)} x^n$

(3) $y = A_1 x + \frac{1}{K-1} x^K$

(4) $y = \frac{1}{2}x + A_0 \sum_{i=0}^{\infty} x^i$

(5) $y = A_0$

$+ A_0 \sum_{n=1}^{\infty} \frac{(-x)^n}{n!} + \sum_{n=1}^{\infty} \frac{(-1)^{n-1} x^n}{(n-1)!}$
$= A_0 \sum_{n=0}^{\infty} \frac{(-x)^n}{n!} + \sum_{n=1}^{\infty} \frac{(-1)^{n-1} x^n}{(n-1)!}$

(6)
$y = A_0 - A_1 + A_1 \sum_{n=0}^{\infty} \frac{x^n}{n!}$

(7) $y =$
$A_0 \sum_{m=0}^{\infty} \frac{x^{2m}}{(2m)!} + A_1 \sum_{m=0}^{\infty} \frac{x^{2m+1}}{(2m+1)!}$

(8) $y = A_0 + A_0 \sum_{m=1}^{\infty}$
$\frac{1}{3^m m!(3m-1)\{3(m-1)-1\}\cdots 2} x^{3m}$
$+ A_1 x + A_1 \sum_{m=1}^{\infty}$
$\frac{1}{3^m m!(3m+1)\{3(m-1)+1\}\cdots 4} x^{3m+1}$

(9)
$y = A_0 + A_1 x + A_0 \sum_{n=2}^{\infty} \frac{(-1)^n}{n!} x^n$

(10)
$y = C_1 \sum_{n=0}^{\infty} (-1)^n \frac{1}{(2n+1)!} x^{n+1/2}$
$+ C_2 \sum_{n=0}^{\infty} (-1)^n \frac{1}{(2n)!} x^n$

問題 13.1 (1) ① $y_1 = -\frac{1}{2}\exp(-x)$
$+ C_1 \exp(-2x) + C_2 \exp x,$
$y_2 = -\frac{5}{2}\exp(-x) + 4C_1 \exp(-2x)$
$+ C_2 \exp x$

② $\begin{bmatrix} y_1 \\ y_2 \end{bmatrix}$
$= \begin{bmatrix} C_1 \exp(-2x) + C_2 \exp x - \frac{1}{2}\exp(-x) \\ 4C_1 \exp(-2x) + C_2 \exp x - \frac{5}{2}\exp(-x) \end{bmatrix}$

(2) ① $y_1 = -\frac{1}{2}x^2 - x - \frac{3}{2}$
$+ C_1 \exp(-2x) + C_2 \exp x,$
$y_2 = -\frac{1}{2}x - 1 + 2C_1 \exp(-2x)$

$+\dfrac{1}{2}C_2 \exp x$

② $\begin{bmatrix} y_1 \\ y_2 \end{bmatrix}$

$= \begin{bmatrix} C_1 \exp(-2x) + 2C_{20} \exp x - \dfrac{1}{2}x^2 - x - \dfrac{3}{2} \\ 2C_1 \exp(-2x) + C_{20} \exp x - \dfrac{1}{2}x - 1 \end{bmatrix}$

$\left(C_{20} = \dfrac{C_2}{2} \right)$

(3) ① $y_1 = -\dfrac{1}{2}x^2 - x$
$+C_1 + C_2 \exp x,\ y_2 = x^2 + x - 1$
$-2C_1 - C_2 \exp x$

② $\begin{bmatrix} y_1 \\ y_2 \end{bmatrix}$

$= \begin{bmatrix} -\dfrac{1}{2}x^2 - x - 1 + C_{10} + C_2 \exp x \\ x^2 + x + 1 - 2C_{10} - C_2 \exp x \end{bmatrix}$

$(C_0 = C_1 + 1)$

(4)

① $y_1 = C_1 x \exp x + C_2 \exp x,$
$y_2 = -2C_1 x \exp x + (C_1 - 2C_2) \exp x$

② $\begin{bmatrix} y_1 \\ y_2 \end{bmatrix}$

$= \begin{bmatrix} C_1 x \exp x + (C_1 + C_2) \exp x \\ -2C_1 x \exp x - (C_1 + 2C_2) \exp x \end{bmatrix}$

$(C_0 = C_2 - C_1)$

(5) ① $y_1 = C_1(-2x+1)\exp x -$
$2C_2 \exp x - 3x^2 - 10x - 14,$
$y_2 = C_1 x \exp x + C_2 \exp x + x^2 + 4x + 6$

② $\begin{bmatrix} y_1 \\ y_2 \end{bmatrix}$

$= \begin{bmatrix} C_1(-2x+1)\exp x - 2C_2 \exp x - 3x^2 - 10x - 14 \\ (C_1 x + C_2)\exp x + x^2 + 4x + 6 \end{bmatrix}$

問題 14.1 略

問題 14.2 略

問題 14.3 (1) $x^2 y + \dfrac{1}{2}x^2 + \dfrac{1}{2}y^2 = C$

(2) $\dfrac{1}{2}x^2 y^2 + \dfrac{1}{2}x^2 + \dfrac{1}{2}y^2 = C$

(3) $\dfrac{1}{2}x^2 y^2 + x^2 y = C$

(4) $x^2 + x^2 y^3 + y^3 = C$

(5) $x^2 \exp y + xy = C$

問題 14.4 (1) $x^2 \exp y + xy = C$

(2) $y = \exp\left\{ -\int p_x(x)\,\mathrm{d}x \right\}$
$\int \left[q_x(x) \exp\left\{ \int p_x(x)\,\mathrm{d}x \right\} \right] \mathrm{d}x$
$+C \exp\left\{ -\int p_x(x)\,\mathrm{d}x \right\}$

問題 14.5 $\dfrac{1}{2}x^2 y^2 + x^2 y = C$

問題 15.1 (1) 略 (2) 略

問題 15.2 定数 B が離散的に決まる場合,
$u = \sum_{m=1}^{\infty} (C_{x1m0} \cos B_m x$
$+ C_{x2m0} \sin B_m x) \exp(-AB_m^2 t)$
定数 B が連続値 b になる場合,
$u = \int_0^{\infty} \{c_{x10}(b) \cos bx + c_{x20}(b) \sin bx\}$
$\exp(-Ab^2 t)\,\mathrm{d}b$

問題 15.3 (1) $B_m = \dfrac{m\pi}{L}$

(2) $u(x,t)$
$= \dfrac{2}{L} \sum_{m=1}^{\infty} \left(\int_0^L f(x) \sin \dfrac{m\pi}{L} x \mathrm{d}x \right)$
$\sin \dfrac{m\pi}{L} x \exp\left\{ -A\left(\dfrac{m\pi}{L}\right)^2 t \right\}$

問題 15.4 定数 B が離散的に決まる場合,
$u = \sum_{m=1}^{\infty} (C_{x1m} \cos B_m x + C_{x2m} \sin B_m x)$
$\{C_{y1m} \exp AB_m y + C_{y2m} \exp(-AB_m y)\}$

定数 B が連続値 b になる場合，
$$u = \int_0^\infty \{c_{x1}(b)\cos bx + c_{x2}(b)\sin bx\}$$
$\{c_{y1}(b)\exp Aby + c_{y2}(b)\exp(-Aby)\}\,\mathrm{d}b$

問題 15.5 (1) $B_m = \dfrac{m\pi}{L}$

(2) $u(x,y) = \dfrac{2}{L}\sum\limits_{m=1}^{\infty}\dfrac{1}{\sinh A\dfrac{m\pi}{L}W}$
$\left(\displaystyle\int_0^L f(x)\sin\dfrac{m\pi}{L}x\,\mathrm{d}x\right)$
$\sin\dfrac{m\pi}{L}x\sinh A\dfrac{m\pi}{L}y$

索引

数字・欧文・記号

1 階線形斉次方程式 …………………… 20
1 階線形同次方程式 …………………… 20
1 階線形非斉次方程式 …………… 20, 26
1 階線形非同次方程式 …………… 20, 26
1 階線形方程式 ………………………… 20
1 次結合 ………………………………… 35
1 次従属 ………………………………… 35
1 次独立 ………………………………… 35
2 階線形斉次方程式 …………………… 35
2 階線形同次方程式 …………………… 35
2 階線形非斉次方程式 …………… 35, 52
2 階線形非同次方程式 …………… 35, 52
2 階線形方程式 ………………………… 34
n 階線形微分方程式 …………………… 3

あ行

1 次結合 ………………………………… 35
1 次従属 ………………………………… 35
1 次独立 ………………………………… 35
1 階線形斉次方程式 …………………… 20
1 階線形同次方程式 …………………… 20
1 階線形非斉次方程式 …………… 20, 26
1 階線形非同次方程式 …………… 20, 26
1 階線形方程式 ………………………… 20
一般解 ……………………………………… 4
n 階線形微分方程式 …………………… 3
演算子 …………………………………… 64
オイラーの微分方程式 ………………… 51

か行

解 ………………………………………… 3
階数 ……………………………………… 3
解の一意性 ……………………………… 35
拡散方程式 ……………………………… 90
確定特異点 ……………………………… 76
重ね合わせの定理 ……………………… 38
完全微分形方程式 ……………………… 84
基本解 …………………………………… 37
逆演算子 ………………………………… 65
級数展開法 ……………………………… 72
境界条件 ………………………………… 4
境界値問題 ……………………………… 4
決定方程式 ……………………………… 77
原始関数 ………………………………… 6

さ行

収束域 …………………………………… 6
収束半径 ………………………………… 6
初期条件 ………………………………… 4
初期値問題 ……………………………… 4
斉次微分方程式 ………………………… 3
正則点 …………………………………… 74
積分因子 ………………………………… 87
線形微分方程式 ………………………… 3
双曲形 …………………………………… 90

た行

代入法 …………………………………… 58

楕円形······90
ダランベールの解······95
置換積分······5
通常点······74
定係数2階線形斉次方程式······40
定数変化法······27
テーラー展開······6
同次形······14
同次微分方程式······3
特異解······4
特殊解······4
特性方程式······41
独立変数······2

な行

2階線形斉次方程式······35
2階線形同次方程式······35
2階線形非斉次方程式······35, 52
2階線形非同次方程式······35, 52
2階線形方程式······34

は行

波動方程式······90
非斉次項······26, 52
非斉次微分方程式······3
非線形微分方程式······3
非同次微分方程式······3
微分演算子······64
微分方程式······3
標準形······51
部分積分······5
ベルヌーイの微分方程式······31
変数分離······9
変数分離形······8
偏微分方程式······90
放物形······90

ま・ら行

マクローリン展開······6
未知関数······3
未定係数法······58
ラプラス方程式······90
連立定係数1階線形方程式······78
ロンスキアン······35
ロンスキー行列······35

著者紹介

広川 二郎（ひろかわ じろう）　博士（工学）
- 1988年　東京工業大学工学部電気・電子工学科卒業
- 1990年　東京工業大学大学院理工学研究科電気・電子工学専攻修士課程修了
- 現　在　東京工業大学大学院理工学研究科電気電子工学専攻 教授

安岡 康一（やすおか こういち）　工学博士
- 1978年　東京工業大学工学部電子物理工学科卒業
- 1983年　東京工業大学大学院理工学研究科電気電子工学専攻博士課程修了
- 現　在　東京工業大学大学院理工学研究科電気電子工学専攻 教授

NDC413　111p　21cm

スタンダード 工学系の微分方程式（こうがくけい び ぶんほうていしき）

2014年3月31日　第1刷発行
2022年8月25日　第5刷発行

著　者	広川 二郎（ひろかわ じろう）・安岡 康一（やすおか こういち）
発行者	髙橋明男
発行所	株式会社　講談社
	〒112-8001　東京都文京区音羽2-12-21
	販売　(03)5395-4415
	業務　(03)5395-3615
編　集	株式会社　講談社サイエンティフィク
	代表　堀越俊一
	〒162-0825　東京都新宿区神楽坂2-14　ノービィビル
	編集　(03)3235-3701
本文データ制作	藤原印刷株式会社
印刷・製本	株式会社KPSプロダクツ

KODANSHA

落丁本・乱丁本は，購入書店名を明記のうえ，講談社業務宛にお送りください．送料小社負担にてお取替えします．なお，この本の内容についてのお問い合わせは，講談社サイエンティフィク宛にお願いいたします．定価はカバーに表示してあります．

©J. Hirokawa and K. Yasuoka, 2014

本書のコピー，スキャン，デジタル化等の無断複製は著作権法上での例外を除き禁じられています．本書を代行業者等の第三者に依頼してスキャンやデジタル化することはたとえ個人や家庭内の利用でも著作権法違反です．

JCOPY　〈(社)出版者著作権管理機構 委託出版物〉
複写される場合は，その都度事前に（社）出版者著作権管理機構（電話03-5244-5088, FAX 03-5244-5089, e-mail: info@jcopy.or.jp）の許諾を得てください．

Printed in Japan

ISBN978-4-06-156533-3